(a) 处理前图像效果

(b) 处理后图像效果

图 3-30

图 4-1 可爱宝宝日历

图 4-33 人物剪影画

图 4-59 实训项目 1

图 5-46 双胞胎小姐妹效果图

图 5-47 实训项目 1

图 5-55 原图像 图 5-56 修复后的效果

图 5-48 实训项目 2

图 6-1 表格图片

图 6-37 "荷花园"房产宣传图

图 6-44 各种样式效果比较

图 6-73（a）素材 1

图 6-74 变天效果图

图 6-73（b）素材 2

图 7-62 实训项目 1

图 8-1 四季图的文字效果

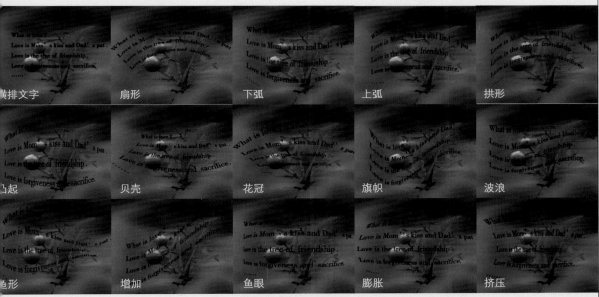

图 8-21 文字各种效果

图 8-32 实训项目 1

图 9-1 "快乐狗狗"招贴画

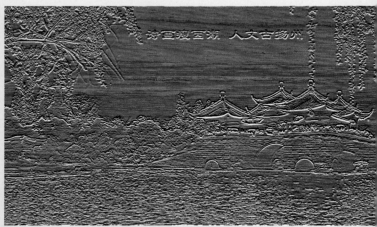

原图　　　　　　成角的线条　　　　　墨水轮廓

喷溅　　　　　　喷色描边　　　　　　强化的边缘

深色线条　　　　烟灰墨　　　　　　　阴影线

图 9-86　　　图 9-87
实训项目 1　实训项目

图 9-41　　　图 10-1
　　　　　　　木刻"诗画
　　　　　　　瘦西湖"

图 10-5　"画笔描边"
滤镜效果

工业和信息化人才培养规划教材

Industry And Information Technology Training Planning Materials

Technical And Vocational Education

高职高专计算机系列

Photoshop 平面设计
实用教程（项目式）

The Graphic Design and
Production Of Photoshop

江兆银 朱迎华 ◎ 主编

洪亮 徐丽仙 刘瑶 ◎ 副主编

人民邮电出版社

北 京

图书在版编目（ＣＩＰ）数据

Photoshop平面设计实用教程：项目式 / 江兆银，
朱迎华主编. -- 北京：人民邮电出版社，2012.4
工业和信息化人才培养规划教材. 高职高专计算机系
列
ISBN 978-7-115-27250-8

Ⅰ．①P… Ⅱ．①江… ②朱… Ⅲ．①平面设计－图象
处理软件，Photoshop－高等职业教育－教材 Ⅳ.
①TP391.41

中国版本图书馆CIP数据核字（2012）第022979号

内 容 提 要

本书采用"项目驱动、案例教学"的编写理念，系统地介绍了 Photoshop CS4 软件的操作方法和使用技巧。全书共由 11 个项目组成，分别为 Photoshop 的基础知识、基本操作、图像的色彩调整、图像的选择、图像的绘制与修饰，图层、路径、文字、通道和蒙版的使用，滤镜、动作及任务自动化。在项目的后面附有实训项目、项目总结以及习题，以帮助学员进一步巩固所学的知识和提高操作能力。

本书既适合作为各类高职高专院校学生相关课程的教材，也可作为计算机培训学校的教材或自学参考书。

工业和信息化人才培养规划教材· 高职高专计算机系列

Photoshop 平面设计实用教程（项目式）

◆ 主　编　江兆银　朱迎华

副主编　洪　亮　徐丽仙　刘　瑶

责任编辑　王　威

◆ 人民邮电出版社出版发行　北京市崇文区夕照寺街 14 号
邮编　100061　电子邮件　315@ptpress.com.cn
网址　http://www.ptpress.com.cn
大厂聚鑫印刷有限责任公司印刷

◆ 开本：787×1092　1/16　　　彩插：2
印张：14.75　　　　　　　　2012 年 4 月第 1 版
字数：380 千字　　　　　　　2012 年 4 月河北第 1 次印刷

ISBN 978-7-115-27250-8

定价：32.00 元

读者服务热线：**(010)67170985**　印装质量热线：**(010)67129223**
反盗版热线：**(010)67171154**

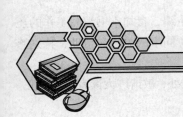

前言

Photoshop 是美国 Adobe 公司发布的具有强大功能的图像编辑处理软件，它集图像设计、创作、扫描、编辑、合成、网页设计以及高品质的输出功能于一体，现在为业界广泛使用。因为功能强大、使用广泛与易学易用的特点，高等职业学校中许多专业都开设了 Photoshop 课程。这门课程是网页制作、广告设计等课程的先导课程，具有直观性强、命令繁多与灵活多变等特点，学生的学习兴趣极高。

本书具有完善的知识结构体系，按照"教学案例 – 软件功能讲解 – 课堂练习 – 课后习题"的思路进行编排；以案例操作引领知识的学习，通过案例的具体操作，对相关知识点进行巩固练习，使学生熟练掌握 Photoshop 软件的功能；让学生在"做中学，学中做"，从而能够在完成课堂练习的过程中学会专业技能和提高应用能力，通过课后习题，促进学生巩固所学知识，并熟练掌握相关操作。本书语言通俗易懂，讲解深入、透彻，案例精彩、实战性强，读者可以系统学习 Photoshop 基础操作，还可以通过案例，拓展设计思路，掌握 Photoshop 的应用方法和技巧。

本书的编写者，一直从事一线的教学工作，在长期的工作实践中积累了丰富的教学经验，为此精心组织编写了本书；在编写过程中力求做到结构清晰、层次分明、任务实用、步骤详细。

另外，为方便教师教学，本书配备了全部案例素材以及 PPT 课件等丰富的教学资源，任课教师可到人民邮电出版社教学服务与资源网（www.ptpedu.com.cn）免费下载。本书的参考学时为 72 学时，其中实践环节为 40 学时，各章的参考学时参见下面的学时分配表。

章　节	课 程 内 容	学 时 分 配	
		讲　授	实　训
项目一	Photoshop 基础	2	1
项目二	Photoshop 的基本操作	2	5
项目三	图像的色彩调整	4	4
项目四	图像的选择	2	4
项目五	图像的绘制与修饰	4	4
项目六	图层的使用	4	4
项目七	路径的使用	2	4
项目八	文字的使用	2	2
项目九	通道和蒙版的使用	4	5
项目十	滤镜的使用	4	5
项目十一	动作及任务自动化	2	2
课 时 总 计		32	40

本书由江兆银、朱迎华担任主编，洪亮、徐丽仙、刘瑶担任副主编，参加本书编写工作的还有王刚、田永晔、石伟等。在本书的编写和出版过程中，得到了各位同事的关心和帮助，特别感谢孙华峰、高晓蓉，给予大力支持，在此表示衷心的感谢。

由于时间仓促，加之编者水平有限，书中难免存在错误和不妥之处，敬请广大读者批评指正。

编　者

2012 年春于扬州

目　录

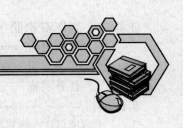

【项目目标】

通过本项目的学习，读者基本了解图像处理的基础知识，熟悉 Photoshop 的工作界面，能够掌握 Photoshop 软件的安装、启动和关闭方法。

【项目重点】

1. 位图图像和矢量图形
2. 图像分辨率
3. 图像格式
4. Photoshop 的安装
5. Photoshop 的工作界面

【项目任务】

熟练掌握 Photoshop 软件的安装、启动和关闭方法，并学会 Photoshop 工作界面的设置。

任务一　图像处理基础知识准备

一、任务分析

从图 1-1 所示的任务我们分析，图像是传递信息的重要媒体，要创作出高品质、高水平的平面图像作品，首先应掌握图像和图形的知识，如图像类型、图像格式、图像分辨率等，掌握了这些图像处理的基本概念，才不至于使处理出来的图像失真或达不到自己预想的效果。

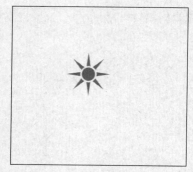

图 1-1　比较两图的不同

二、相关知识

（一）位图与矢量图

计算机中的图形图像主要分为位图和矢量图两种类型。了解它们之间的差异，对创建和编辑数字图像将会有很大的帮助。

1. 位图图像

位图也称为点阵图或像素图。像素是由英文单词 Pixel 翻译而来，它是构成图像的最小单位，是位图中的一个小方格。如果位图图像放大到一定程度，就会发现它是由无数个点组成的，那么每个点就是一个像素，每个像素都具有不同的颜色值，正是这些极小的具有不同颜色的像素构成了丰富多彩的数字图像。所以，在处理位图图像时所编辑的只是像素，而不是图中对象或形状。

位图图像的清晰度与分辨率有关，因为一幅位图图像包含了固定数量的像素来记录图像数据，所以如果以较大的倍数放大显示或以过低的分辨率打印，像素就会变大，位图图像就会出现锯齿状的边缘，并且会遗失图像的细节。比较图 1-2 和图 1-3 可知，在表现阴影和色彩（如在照片或绘画图像中）的细微变化方面，位图图像是最佳选择。

图 1-2　原图　　　　　　　　　　图 1-3　放大后像素效果显著

2. 矢量图

与 Adobe Photoshop 不同，Adobe Illustrator、CorelDRAW、AutoCAD 等图形软件可以创作矢量图形。矢量图形是由矢量（矢量是具有大小和方向的数学量，可以描述空间位置）描述的直线和曲线组成的，其基本组成单元是锚点和路径。在矢量图形中记录的是由矢量描述的几何对象。例如，矢量图形中的圆是由矢量定义的圆形组成的，这个圆按某一半径画出，放在特定位置并填充有特定的颜色，移动、缩放这个圆或更改颜色不会降低图形的品质。

矢量图形的清晰度与分辨率无关，以任意比例缩放图像或以任意分辨率打印，都不会降低清晰度或丢失图像的细节。图 1-4 和图 1-5 所示为使用矢量图形绘制软件 Illustrator 所绘制的图形及其被放大后的效果，可以看出无论放大或缩小多少倍，它的边缘都是平滑的。因此，矢量图形对于那些在缩放时对清晰度要求较高的图像十分必要，例如小尺寸的文字（企业 LOGO）。

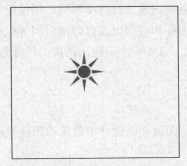

图 1-4　小尺寸的 LOGO

图 1-5　放大之后的 LOGO

矢量图形的优点是这类文件所占据的磁盘空间相对较小，其文件大小取决于图像中所包含的对象的数量和复杂程度；文件大小与输出介质的尺寸几乎没有什么关系，这一点与位图图像的处理相反。

当然，由于普通显示器是基于电子流通过网栅撞击荧屏上的物理像素来显示图像的，因此，实际上位图图像和矢量图形在显示器上都是以像素的形式显示的。

（二）图像分辨率

对于任何一种与图像有关的软件而言，图像分辨率无疑是一个非常重要的概念，它与图像的输出尺寸、质量存在着密切的关系。

分辨率是指单位长度上的像素数目，单位是"点/英寸"（dpi, dots per inch）。单位长度上像素越多，分辨率就越高，图像就越清晰，所需存储空间也就越大。分辨率可分为图像分辨率、打印分辨率和屏幕分辨率等。

1．图像分辨率

图像分辨率用于确定图像的像素数目，其单位有"像素/英寸"（ppi, pixels per inch）和"像素/厘米"。图像分辨率通常用"横向扫描数×纵向扫描数"表示，如一幅图像的分辨率为 800×600。该值越大表示图像质量越好。

我们知道，在这 1 英寸之内排列的像素越多，图像分辨率越高，图像也就越清晰。但是，我们不能一味地盲目通过增加像素来提高分辨率，比如，1 英寸排列 10 000 个像素行吗？这是不行的。

实际上，图像分辨率的设定是有标准的，通常，铜版纸为 300 像素/英寸；胶版纸设为 200 像素/英寸；新闻纸设为 150 像素/英寸；大幅面喷绘以 90cm×120cm 展板为例，设为 100 像素/英寸足矣；计算机屏幕显示设为 72 像素/英寸。这些数据应该烂熟于心，制作图像时根据输出的需要，从一开始建立新文件的时候，就要设定好所需的图像分辨率。

如果现有图像的尺寸和分辨率不符合我们的要求，通常使用"图像大小"命令来进行设置，后面将有详细介绍。

2．打印分辨率

打印分辨率又叫输出分辨率，是指绘图仪、激光打印机等输出设备在输出图像时每英寸所产生的墨点数。如果使用与打印机输出分辨率成正比的图像分辨率，就能产生较好的图像输出效果。

3．屏幕分辨率

屏幕分辨率是指显示器上每单位长度显示的像素或点的数目，单位是"点/英寸"，如 80 点/英寸表示显示器上每英寸包含 80 个点。屏幕分辨率的数值越大，图像显示就越清晰。普通显示器的典型分辨率约为 96 点/英寸。

在数字图像中，分辨率是决定图像质量与成本的重要因素，分辨率越高，图像质量才可能越好，但图像文件的数据量也越大，处理图像时所需的内存和时间以及打印的时间等也相应增加，在网络上的传输时间也越长。因此，在制作数字图像时，首先要决定输出图像的尺寸和品质要求，才能在最经济的条件下选定合适的分辨率。

（三）常见图像文件格式

Photoshop 能够对很多的图形图像格式进行处理，下面就平面设计中常见的图像文件格式为大家分别作简单介绍。

1．PSD 格式

这是 Photoshop 图像处理软件的专用文件格式，文件扩展名是".psd"，可以支持图层、通道、蒙版和不同色彩模式的各种图像特征，是一种非压缩的原始文件保存格式。扫描仪不能直接生成该种格式的文件。PSD 文件有时容量会很大，但由于可以保留所有原始信息，在图像处理中对于尚未制作完成的图像，选用 PSD 格式保存是最佳的选择。

2．GIF 格式

GIF（Graphics Interchange Format，图像互换格式）是 CompuServe 公司在 1987 年开发的图像文件格式。GIF 是一种基于 LZW 算法的连续色调的无损压缩格式，其压缩率一般在 50%左右，它不属于任何应用程序。目前几乎所有相关软件都支持它，公共领域有大量的软件在使用 GIF 图像文件。

GIF 解码较快，因为采用隔行存放的 GIF 图像，在边解码边显示的时候可分成 4 遍扫描。第 1 遍扫描虽然只显示了整个图像的 1/8，第 2 遍的扫描后也只显示了 1／4，但这已经把整幅图像的概貌显示出来了。在显示 GIF 图像时，隔行存放的图像会使用户感觉到它的显示速度似乎要比其他图像快一些，这是隔行存放的优点。

GIF 图像文件的数据是经过压缩的，而且是采用了可变长度等压缩算法，所以 GIF 的图像深度从 1 位到 8 位，即 GIF 最多支持 256 种色彩的图像。GIF 格式的另一个特点是在一个 GIF 文件中可以存多幅彩色图像，如果把存于一个文件中的多幅图像数据逐幅读出并显示到屏幕上，就可构成一种最简单的动画。GIF 格式是一种网络动画常用的文件格式，但目前已经逐渐被 Flash 软件的文件格式所取代，因此在平面设计及网页设计中的使用频率正逐渐降低。

3．JPEG 格式

JPEG（Joint Photographic Experts Group，联合图像专家组），文件后辍名为".jpg"或".jpeg"，是最常用的图像文件格式，由一个软件开发联合会组织制定，是一种有损压缩格式，能够将图像压缩在很小的储存空间，图像中重复或不重要的资料会丢失，因此容易造成图像数据的损伤。尤其在使用过高的压缩比例时，该格式将使最终解压缩后恢复的图像质量明显降低，因此如果追求高品质图像，不宜采用过高压缩比例。

但是 JPEG 压缩技术十分先进，它用有损压缩方式去除冗余的图像数据，在获得极高压缩比例的同时能展现十分丰富生动的图像，换句话说，就是可以用最少的磁盘空间得到较好的图像品质。而且 JPEG 是一种很灵活的格式，具有调节图像质量的功能，允许用不同的压缩比例对文件进行压缩，支持多种压缩级别，压缩比例通常在 10:1 到 40:1 之间，压缩比越大，品质就越低；相反，压缩比越小，品质就越好。当然，也可以在图像质量和文件大小之间找到平衡点。JPEG格式压缩的主要是高频信息，对色彩的信息保留较好，适合应用于互联网，可减少图像的传输时间；可以支持 24 位真彩色，也普遍应用于需要连续色调的图像。

JPEG 格式是目前网络上最流行的图像格式，是可以把文件压缩到最小的格式。在 Photoshop软件中以 JPEG 格式储存时，提供 11 级压缩级别，以 0 ~ 10 级表示，其中 0 级压缩比最高，图像品质最差；即使采用细节几乎无损的 10 级质量保存时，压缩比也可达 5:1。例如某一图像文件以 BMP 格式保存时得到 4.28MB 图像文件，在采用 JPEG 格式保存时，其文件大小仅为 178KB，压缩比达到 24:1。经过多次比较，采用第 8 级压缩为存储空间与图像质量兼得的最佳比例。

JPEG 格式的应用非常广泛，特别是在网络和光盘读物上。目前各类浏览器均支持 JPEG 这种图像格式，因为 JPEG 格式的文件尺寸较小，下载速度快。

4．JPEG2000 格式

JPEG2000 作为 JPEG 的升级版，其压缩率比 JPEG 高 30%左右，同时支持有损和无损压缩。JPEG2000 格式的一个极其重要的特征在于它能实现渐进传输，即先传输图像的轮廓，然后逐步传输数据，不断提高图像质量，让图像由朦胧到清晰显示。此外，JPEG2000 还支持所谓的"感兴趣区域"特性，可以任意指定影像上感兴趣区域的压缩质量，还可以选择指定的部分先解压缩。

JPEG2000 和 JPEG 相比优势明显，且向下兼容，因此可取代传统的 JPEG 格式。JPEG2000 既可应用于传统的 JPEG 市场，如扫描仪、数码相机等，又可应用于新兴领域，如网络传输、无线通信等。

5．PNG 格式

PNG（Portable Network Graphics，可移植性网络图像）是网上接受的较新图像文件格式，能够提供容量比 GIF 小 30%的无损压缩图像文件。它同时提供 24 位和 48 位真彩色图像支持以及其他诸多技术性支持。由于 PNG 非常新，因此目前并不是所有的程序都可以用它来存储图像文件，但 Photoshop 可以处理 PNG 图像文件，也可以用 PNG 图像文件格式存储。

6．BMP 格式

BMP 是英文 Bitmap（位图）的简写，它是 DOS 和 Windows 兼容计算机上的标准 Windows图像格式，Windows 附件里的"画图"软件就是以这种格式存储图像文件的。BMP 是一种与硬设备无关的图像文件格式，使用非常广。由于 BMP 格式是 Windows 环境中交换与图有关的数据的一种标准，因此在 Windows 环境中运行的图形图像软件都支持 BMP 图像格式。

典型的 BMP 图像文件由以下 4 部分组成。

（1）位图文件头数据结构，它包含 BMP 图像文件的类型、显示内容等信息。

（2）位图信息头数据结构，它包含 BMP 图像的宽、高尺寸，图像的压缩方法，还有定义颜色等信息。

（3）颜色表，用于说明位图中的颜色。

（4）实际的位图数据，用来记录位图的每一个像素值。

随着 Windows 操作系统的流行与丰富的 Windows 应用程序的开发，BMP 位图格式理所当然地被广泛应用。这种格式的特点是包含的图像信息较丰富，但它采用位映像存储格式，除了图像深度可选以外，几乎不进行压缩，导致 BMP 所占用的空间很大，所以，BMP 目前在单机上比较流行。

7. TIFF 格式

TIFF（Tag Image File Format）是由 Aldus 和 Microsoft 公司为桌上出版系统研制开发的一种较为通用的图像文件格式。TIFF 格式灵活易变，它又定义了 4 类不同的格式：TIFF-B 适用于二值图像；TIFF-G 适用于黑白灰度图像；TIFF-P 适用于带调色板的彩色图像；TIFF-R 适用于 RGB 真彩图像。

TIFF 支持多种编码方法，其中包括 RGB 无压缩、RLE 压缩及 JPEG 压缩等。

TIFF 是现存图像文件格式中最复杂的一种，它具有扩展性、方便性、可改性。

TIFF 图像文件由 3 个数据结构组成，分别为文件头、一个或多个称为 IFD 的包含标记指针的目录以及数据本身。TIFF 图像文件中的第一个数据结构称为图像文件头或 IFH，这个结构是一个 TIFF 文件中唯一的、有固定位置的部分；IFD 图像文件目录是一个字节长度可变的信息块，Tag 标记是 TIFF 文件的核心部分，在图像文件目录中定义了要用的所有图像参数，目录中的每一目录条目就包含图像的一个参数。

TIFF 格式是一种在平面设计领域中最常用的图像文件格式，在以前的输出过程中，这种图像格式几乎是必需的，但目前有被 PDF 格式所取代的趋势。

8. PDF 格式

PDF 格式是 Adobe 公司推出的专用于网上的图像格式，是一种跨平台的文件格式，既可用于保存图像，也可用于保存常见的文本文件。与上述其他格式不同，阅读 PDF 格式文件需要 Adobe 特定的阅读软件 Adobe Reader。采用 RGB、CMYK、Lab 等颜色模式的图像均可以存储成该格式。

9. PCX 格式

PCX 格式是 ZSOFT 公司最早在开发图像处理软件 Paintbrush 时开发的一种格式，这是一种经过压缩的格式，占用磁盘空间较少。由于该格式出现的时间较长，并且具有压缩及全彩色的能力，因此现在仍比较流行。

后来，微软公司将其移植到 Windows 环境中，成为 Windows 系统中一个子功能。随着 Windows 的流行、升级，加之其强大的图像处理能力，PCX 同 GIF、TIFF、BMP 图像文件格式一起被越来越多的图形图像软件工具所支持，也越来越得到人们的重视。

PCX 是最早支持彩色图像的一种文件格式，现在最高可以支持 256 种彩色。PCX 设计者很有眼光地超前引入了彩色图像文件格式，使之成为现在非常流行的图像文件格式。

PCX 图像文件由文件头和实际图像数据构成。文件头由 128 字节组成，描述版本信息和图像显示设备的横向、纵向分辨率以及调色板等信息；实际图像数据表示图像数据类型和彩色类型。PCX 图像文件中的数据都是用 PCXREL 技术压缩后的图像数据。

PCX 是 PC 画笔的图像文件格式。PCX 的图像深度可选为 1 位、4 位、8 位。由于这种文件格式出现较早，它不支持真彩色。PCX 文件采用 RLE 行程编码，文件体中存放的是压缩后的图像数据，因此，将采集到的图像数据写成 PCX 文件格式时，要对其进行 RLE 编码；而读取一个 PCX 文件时首先要对其进行 RLE 解码，才能进一步显示和处理。

10. TGA 格式

TGA 格式（Tagged Graphics）是由美国 Truevision 公司为其显示卡开发的一种图像文件格式，文件后缀为“.tga”，已被国际上的图形、图像工业所接受。TGA 的结构比较简单，属于一种图形、图像数据的通用格式，在多媒体领域有很大影响，是计算机生成图像向电视转换的一种首选格式。

　　TGA 图像格式最大的特点是可以做出不规则形状的图形、图像文件，一般图形、图像文件都为四方形，若需要有圆形、菱形甚至是镂空的图像文件时，TGA 可就派上用场了。另外，TGA 格式支持压缩，它使用不失真的压缩算法。

11．EXIF 格式

　　EXIF 格式是 1994 年富士公司提倡的数码相机图像文件格式，其实与 JPEG 格式相同，区别是除保存图像数据外，还能够存储摄影日期、使用光圈、快门、闪光灯数据等曝光资料和附带信息以及小尺寸图像。

12．FPX 格式

　　FPX 格式（扩展名为 ".fpx"）由柯达、微软、HP 及 Live PictureInc 联合研制，并于 1996 年 6 月正式发表。FPX 是一个拥有多重分辨率的影像格式，即影像被储存成一系列高低不同的分辨率，这种格式的好处是当影像被放大时仍可维持影像的质量。另外，当修饰 FPX 影像时，只会处理被修饰的部分，不会把整幅影像一并处理，从而减小处理器及记忆体的负担，使影像处理时间减少。

13．SVG 格式

　　SVG 是可缩放的矢量图形格式。它是一种开放标准的矢量图形语言，可任意放大图形显示，边缘异常清晰，文字在 SVG 图像中保留可编辑和可搜寻的状态，没有字体的限制，生成的文件很小，下载很快，十分适合用于设计高分辨率的 Web 图形页面。

14．CDR 格式

　　CDR 格式是著名绘图软件 CorelDRAW 的专用图形文件格式。由于 CorelDRAW 是矢量图形绘制软件，因此 CDR 可以记录文件的属性、位置和分页等。但它在兼容度上比较差，在所有CorelDRAW 应用程序中均能够使用，但其他图像编辑软件打不开此类文件。

15．PCD 格式

　　PCD 是 Kodak PhotoCD 的缩写，文件扩展名是 ".pod"，是 Kodak 开发的一种 PhotoCD 文件格式，其他软件系统只能对其进行读取。该格式使用 YCC 色彩模式定义图像中的色彩，YCC 和CIE 色彩空间包含比显示器和打印设备的 RGB 色和 CMYK 色多得多的色彩。PhotoCD 图像大多具有非常高的质量。

16．DXF 格式

　　DXF（Drawing Exchange Format）扩展名是 ".dxf"，是 AutoCAD 中的图形文件格式，它以ASCII 方式储存图形，在表现图形的大小方面十分精确，许多软件都支持 DXF 格式的输入与输出，如 CorelDRAW、3DS 等大型软件。

17．UFO 格式

　　它是著名图像编辑软件 Ulead Photolmapct 的专用图像格式，能够完整地记录所有 Photolmapct 处理过的图像属性。值得一提的是，UFO 文件以对象来代替图层记录图像信息。

18．EPS 格式

　　EPS（Encapsulated PostScript）是跨平台的标准格式，扩展名在 PC 平台上是 ".eps"，在 Macintosh 平台上是 ".epsf"，主要用于矢量图像和光栅图像的存储。EPS 格式采用 PostScript 语言进行描述，并且可以保存其他一些类型信息，例如多色调曲线、Alpha 通道、分色、剪辑路径、挂网信息和色调曲线等，因此 EPS 格式常用于印刷或打印输出。Photoshop 中的多个 EPS 格式选项可以实现印刷打印的综合控制，在某些情况下甚至优于 TIFF 格式。

三、任务实施

（1）用 Photoshop 打开位图图像"草原"，单击工具箱中的缩放工具，选择放大工具，在图像上面不断单击，查看位图放大后的效果。

（2）用 Photoshop 打开矢量图形"LOGO"，单击工具箱中的缩放工具，选择放大工具，在图形上面不断单击，查看图形放大后的效果。

任务二 认识 Photoshop

一、任务分析

Photoshop 是 Adobe 公司旗下最为出名的图像处理软件之一，是集图像扫描、编辑修改、图像制作、广告创意、图像输入与输出于一体的图形图像处理软件，深受广大平面设计人员和电脑美术爱好者的喜爱。要设置图 1-6 所示的个性化的工作环境，首先应安装并启动该软件，熟悉Photoshop 的工作界面，体验各种工具的用途，完成工作界面的优化。

图 1-6　设置个性化的工作环境

二、相关知识

（一）Photoshop 用途

Photoshop 是一款功能强大的图像处理软件，它可以制作出完美、不可思议的合成图像，也可以对照片进行修复，还可以制作出精美的图案设计、专业印刷设计、网页设计、包装设计等，可谓无所不能，因此，Photoshop 常用于平面设计、数码照片处理、插画设计、广告制作以及最新的 3D 效果制作等领域。

1．平面设计

平面设计是 Photoshop 应用中最为广泛的领域，无论是我们正在阅读的图书封面，还是大街上看到的招贴、海报，这些具有丰富图像的平面印刷品，基本上都采用 Photoshop 软件对图像进行编辑处理。

2．数码照片处理

利用 Photoshop 强大的图像修饰功能，可以快速修复一张破损的老照片，也可以修复人脸上的斑点等缺陷，因此 Photoshop 常被用于摄影照片的后期处理，调整照片的光影、色调、修复等。

3．插画设计

Photoshop 软件不仅可以进行图像处理与合成，还具有良好的绘画与调色功能，许多插画设计制作者往往使用铅笔绘制草稿，然后用 Photoshop 填色的方法来绘制插画。即运用 Photoshop 中的画笔工具、图层混合模式、色阶命令、色相饱和度命令等多种功能，进行插画作品绘制。

除此之外，近些年来非常流行的像素画也多为设计师使用 Photoshop 创作的作品。

4．广告摄影

广告摄影作为一种对视觉要求非常严格的工作，其最终成品往往要经过 Photoshop 的修改才能得到满意的效果。

5．影像创意

影像创意是 Photoshop 的特长，通过 Photoshop 的处理可以将原本风马牛不相及的对象组合在一起，也可以使用"狸猫换太子"的手段使图像发生面目全非的巨大变化。

6．艺术文字

当文字遇到 Photoshop 处理，就已经注定不再普通。利用 Photoshop 可以使文字发生各种各样的变化，并利用这些艺术化处理后的文字为图像增加效果。

7．网页制作

网络的普及是促使更多人需要掌握 Photoshop 的一个重要原因，因为在制作网页时 Photoshop 是必不可少的网页图像处理软件。

8．建筑效果图后期修饰

在制作包括许多三维场景的建筑效果图时，人物与配景以及场景的颜色常常需要在 Photoshop 中增加并调整。

9．绘制或处理三维贴图

在三维软件中，如果能够制作出精良的模型，而无法为模型应用逼真的贴图，也无法得到较好的渲染效果。而利用 Photoshop 可以制作在三维软件中无法得到的合适的材质。

10．婚纱照片设计

当前越来越多的婚纱影楼开始使用数码相机，这也使得婚纱照片设计的处理成为一个新兴的行业。

11．视觉创意

视觉创意与设计是设计艺术的一个分支，此类设计通常没有非常明显的商业目的，但由于它为广大设计爱好者提供了广阔的设计空间，因此越来越多的设计爱好者开始学习 Photoshop，并进行具有个人特色与风格的视觉创意。

12．图标制作

虽然使用 Photoshop 制作图标在感觉上有些大材小用，但使用此软件制作的图标的确非常精美。

13．界面设计

界面设计是一个新兴的领域，已经受到越来越多的软件企业及开发者的重视，虽然暂时还未成为一种全新的职业，但相信不久一定会出现专业的界面设计师职业。当前还没有用于界面设计的专业软件，因此绝大多数设计者使用的都是 Photoshop。

上述列出了 Photoshop 的 13 大应用领域，但实际上其应用不止这些，例如，在目前的影视后期制作及二维动画制作中，Photoshop 也有所应用。

（二）Photoshop 的安装、启动和关闭

在学习 Photoshop 软件制作平面设计之前，首先应熟悉 Photoshop 的安装，以 Photoshop CS4 图像处理软件为例展开介绍。

1. Photoshop CS4 的安装

（1）安装 Photoshop CS4 的系统需求。

软件运行的快慢与电脑的配置有着密切的联系，为了避免软件在安装时与安装后运行受到阻碍，下面主要对安装 Photoshop CS4 最低系统要求进行介绍。具体要求如表 1-1 所示。

表 1-1　　　　　　　　　　安装 Photoshop CS4 的系统需求

名　　称	配　　置	名　　称	配　　置
处理器	1.8GHz 或更快	安装所需硬盘空间	1GB
内存	512MB 或更大	显示器分辨率	1 024 × 768
显卡	16 位或更高	驱动器	DVD-ROM
多媒体功能	QuickTime 7.2	GPU 加速功能	Shader Model3.0 和 OpenGL2.0 图形支持

（2）安装方法。

方法 1：从光盘安装。将安装光盘放入光盘驱动器，然后按屏幕指示操作。如果安装程序没有自动启动，可以浏览位于光盘根目录下的 Adobe CS4 文件夹，双击 Setup.exe 启动安装程序。

方法 2：从网上下载后安装。如果是从网站下载的软件，可以打开文件夹，浏览 Adobe CS4 文件夹，双击 Setup.exe，然后按屏幕指示操作。

（3）安装步骤。

① 解压下载的 Adobe Photoshop CS4 压缩文件，如图 1-7 所示。

图 1-7　解压安装文件

② 打开 Adobe Photoshop CS4 解压出来的目录,找到 Setup 文件并双击开始安装。按照图 1-8～图 1-14 所示的屏幕提示安装。

图 1-8　双击安装文件 Setup.exe

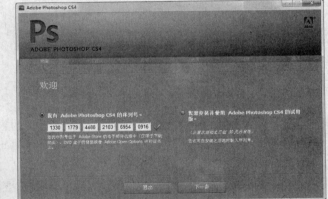

图 1-9　系统初始化

图 1-10　输入 Photoshop CS4 序列号

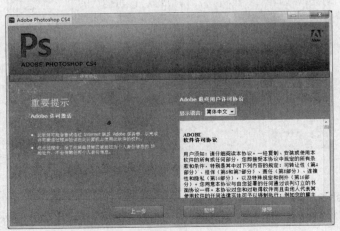

图 1-11　用户许可协议

图 1-12　选择安装方法

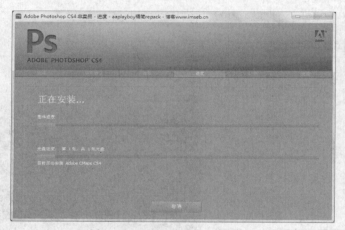

图 1-13　Photoshop CS4 正在安装

图 1-14　Photoshop CS4 安装完成

2．启动 Photoshop CS4

在处理图像前，必须先启动 Photoshop CS4。常见的启动 Photoshop CS4 的方法有以下 3 种。

方法 1：双击桌面上的 Photoshop CS4 快捷方式图标，即可启动 Photoshop CS4。

方法 2：在桌面左下角单击"开始"按钮，在弹出的"开始"菜单中执行"所有程序"→"Adobe Photoshop CS4"命令，即可启动 Photoshop CS4。

方法 3：双击关联 Photoshop CS4 图像文件的图标，同样可以启动 Photoshop CS4。

3．关闭 Photoshop CS4

方法 1：执行"文件"→"退出"命令。

方法 2：单击界面右上角的"关闭"按钮。

方法 3：按快捷键【Ctrl+Q】。

（三）Photoshop CS4 工作界面

熟悉 Photoshop CS4 的工作界面，对以后的操作具有很大的帮助。启动 Photoshop 软件后，执行"文件"→"新建"命令，新建文件；或执行"文件"→"打开"命令，打开已有的素材图像，即可进入工作界面。工作界面的结构如图 1-15 所示。

工具箱　　工具属性栏　　　　菜单栏　　　　　　　　　　面板

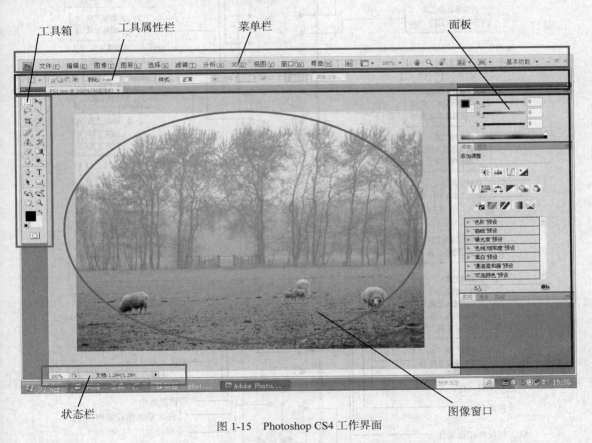

状态栏　　　　　　　　　　　　　　　　　　图像窗口

图 1-15　Photoshop CS4 工作界面

1．菜单栏

Photoshop CS4 的菜单栏是各种应用命令的集合，从左到右依次为文件、编辑、图像、图层、选择、滤镜、分析、3D、视图、窗口和帮助 11 个菜单，每个菜单都包含着一组操作命令，用于执行 Photoshop 的图像处理操作。

菜单的形式与其他 Windows 软件的菜单形式相同，都遵循如下相同的约定。

（1）菜单中的命令显示为黑色，表示此命令目前可用；如果显示为灰色，则表示此命令目前不可用。

（2）菜单项后带省略号"…"，表示选择该菜单项将打开一个对话框。

（3）菜单项后面有黑色小三角符号，说明该菜单项还有下级子菜单。

（4）一些子菜单中，常用菜单项后面会提示快捷组合键，使用这些快捷键可以直接执行命令。

2．工具箱

Photoshop 的工具箱中集合了图像处理过程中使用最为频繁的工具，如选框工具、绘图工具、颜色设置以及显示控制工具等，如图 1-16 所示，使用它们可以绘制图像、修饰图像、创建选区、调整图像的显示比例等。

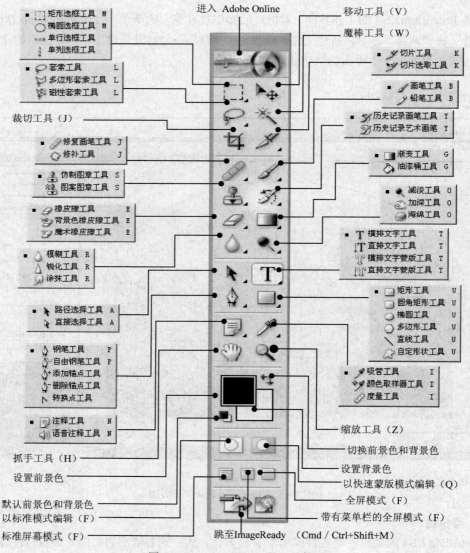

图 1-16　Photoshop CS4 的工具箱

（1）工具箱的显示与隐藏：选择"窗口"→"工具"命令，取消"工具"左边的对勾，可将工具箱隐藏；再次选择"窗口"→"工具"命令，在"工具"左边加上对勾，则可将工具箱显示出来。

（2）工具按钮名称的显示：将鼠标指针移动到工具箱内的工具按钮上，稍等片刻可显示出该工具的名称和相应的快捷键。

（3）工具箱的移动：默认情况下工具箱位于工作界面的左侧，通过拖动其顶部可以将其放到工作界面上的任意位置。

（4）工具箱的排列：工具箱的顶部有一个双箭头的折叠按钮，单击此按钮可以将工具箱中的工具以紧凑型或单列型排列。

（5）工具的选择：要选择工具箱中的工具，只需要单击此工具所对应的图标按钮即可。如果工具按钮右下方有个黑色实心小三角，则表示该工具按钮中还有隐含的工具组，单击该工具并按下鼠标左键不放或单击鼠标右键，就可以弹出工具组中的其他工具，可直接选定所需要的工具，该工具就会出现在工具箱中。

3. 工具属性栏和工具预设

工具属性栏或称为工具选项栏，位于菜单栏的下方。选择"窗口"→"选项"命令，取消"选项"左边的对勾，可将属性栏隐藏；再次选择"窗口"→"选项"命令，在"选项"左侧加上对勾，则可将属性栏显示出来。

当选择某种工具时，在属性栏中就会显示当前工具对应的属性和参数，用户可以通过设置这些参数来调整工具的属性。选择矩形选框工具后，对应的工具属性栏、工具预设的效果如图 1-17 所示。

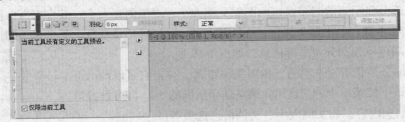

图 1-17　"矩形选框工具"属性栏和工具预设

属性栏根据与当前工具相关的不同属性分为几部分：第一部分通常为工具标识选项，显示当前工具的图标，单击右侧的倒三角标志弹出"工具预设"面板及功能菜单，也可以通过"窗口"→"工具预设"命令打开同样的"工具预设"面板，在工具预设面板中可保存当前对工具的设置；其他部分的具体选项会随着所选择的工具不同而变化。

4. 面板

面板又叫做控制面板、浮动面板或调板，是非常重要的图像处理辅助工具，如图 1-18 所示。利用面板可以对图像的各种参数进行编辑和操作，它具有可即时看到调整效果的特点。

面板是可以在桌面上移动的，可以随时关闭或打开。面板的具体操作如下。

（1）面板的显示和隐藏：在"窗口"菜单中选择某面板名称选项，在该选项前面出现对勾，即可将相应的面板显示出来；反之，取消该选项前面的对勾，即可隐藏相应的面板。

（2）展开面板菜单：单击面板右上角的 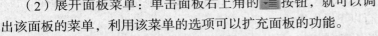 按钮，就可以调出该面板的菜单，利用该菜单的选项可以扩充面板的功能。

（3）面板的组合和拆分：默认情况下，Photoshop 的面板集中在"窗口"菜单下，按照相应的

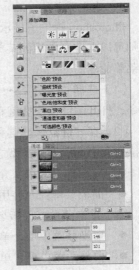

图 1-18　Photoshop CS4 的面板

操作内容进行了分组，同一组的面板将同时组合出现，但也可以将面板组的面板任意组合和拆分，方法就是，在要拆分的面板选项上按住鼠标左键并拖动面板组，即可实现拆分；而按住鼠标左键拖动选项到其他面板组中即可实现合并。

（4）面板位置的调整：用鼠标拖动面板的标签，可移动面板组或单个面板；执行"窗口"→"工作区"→"存储工作区"菜单命令，可存储当前工作界面的设置；而执行"窗口"→"工作区"→"基本功能（默认）"菜单命令，可将所有面板复位到系统默认状态。

（5）面板大小的调整：将鼠标指针移到面板的边缘处，当指针呈双箭头状时，拖动鼠标可调整面板的大小。

5．图像窗口

图像窗口也叫画布窗口，是显示图像、绘制图像和编辑图像的区域，主要包括标题栏、最大和最小化按钮、滚动条以及图像显示区等几个部分。其中滚动条只有图像未在窗口中完全显示时才会出现；在标题栏中同时显示当前图像的文件名、显示比例和色彩模式。

6．状态栏

状态栏位于每个文档窗口的底部，它由以下 3 部分组成。

（1）第 1 部分是图像显示比例。

（2）第 2 部分显示当前画布窗口内图像文档大小、虚拟内存大小、效率或当前使用的工具等信息。按住【Alt】键，单击第 2 部分，不松开左键，可以弹出信息框，其中包括图像的宽度、高度、通道数、颜色模式和分辨率等信息，如图 1-19 所示。

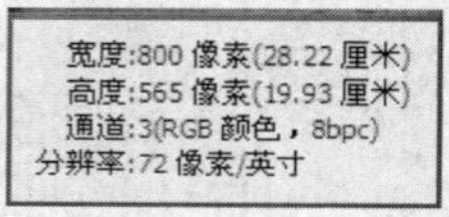

```
宽度:800 像素(28.22 厘米)
高度:565 像素(19.93 厘米)
通道:3(RGB 颜色，8bpc)
分辨率:72 像素/英寸
```

图 1-19　状态栏信息框

（3）第 3 部分是状态栏选项的下拉菜单按钮▶，单击它可以调出下拉菜单，单击该下拉菜单中的"显示"菜单选项后面的▶，即可设置第 2 部分显示的信息内容，如文档大小、文档信息选项等。

（四）设置个性化 Photoshop 工作环境

1．定义菜单组

Photoshop 提供了显示或隐藏菜单的功能，可以根据需要显示或隐藏指定的菜单命令，以使设计师可以自定义常用的菜单显示方案。使用该功能还能够指定菜单命令的显示颜色，以辨认不同的菜单命令。

（1）选择"编辑"→"菜单"命令，或选择"窗口"→"工作区"→"键盘快捷键和菜单"命令，打开"键盘快捷键和菜单"对话框，单击"菜单"选项卡，如图 1-20 所示。

（2）在"键盘快捷键和菜单"对话框中，从"组"下拉列表选取一组菜单，从"菜单类型"下拉列表中选取下列类型之一。

- 应用程序菜单：允许用户显示、隐藏应用程序菜单中的项目，或为项目添加颜色。
- 面板菜单：允许用户显示、隐藏面板菜单中的项目，或为项目添加颜色。

（3）单击菜单或面板名称旁边的三角形，展开各菜单项，执行下列操作之一。

- 要隐藏菜单项，单击"可见性"按钮 。
- 要显示菜单项，单击空的"可见性"按钮。
- 要为菜单项目添加颜色，单击色板（如果未指定颜色，色板将显示"无"），并选择颜色。

（4）完成菜单的更改后，执行以下操作之一。

- 要存储对当前菜单组所做的所有更改，单击"存储"按钮。如果存储的是对"Photoshop

默认值"组所做的更改，则会打开"存储"对话框，为新的组输入一个名称后单击"保存"按钮。

图 1-20　"键盘快捷键和菜单"对话框

● 要基于当前的菜单组创建新的组，单击"存储组"按钮 ，在"存储"对话框中，为组输入一个名称，然后单击"保存"按钮。

● 如果尚未存储当前所做的一组更改，可以单击"取消"按钮放弃所有更改并关闭对话框。

● 在"键盘快捷键和菜单"对话框中，从"组"下拉列表中选择一个菜单组，再单击"删除组"图标 ，即可删除所选菜单组。

2．设置快捷键

在 Photoshop 中用户可以自己定义各菜单选项或工具、面板相关命令的快捷键，或者对原有快捷键进行调整，并且可以将快捷键列表以 Web 文档方式进行简单整理并保存，如图 1-21 所示。

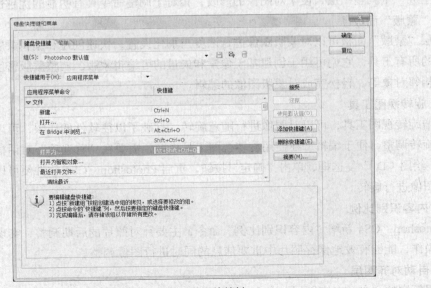

图 1-21　设置快捷键

3．首选项的设置

首选项设置包括常规、界面、文件处理、性能、光标等选项设置，如图 1-22 所示。在图像处理中，根据需要，可以通过首选项设置更改 Photoshop 操作环境，如在"界面"首选项中，选择或取消选择"显示菜单颜色"，即可启用或禁用菜单颜色。

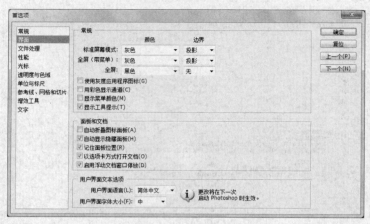

图 1-22　设置首选项

（五）Photoshop CS4 的新增功能

1．3D 功能

借助全新的光线描摹渲染引擎，现在可以直接在 3D 模型上绘图，用 2D 图像绕排 3D 形状，将渐变图转换为 3D 对象，为图层和文本添加深度，实现打印质量的输出并导出到支持的常见 3D 格式。

2．"调整"面板

新增"调整"面板，使图像调整与修改更便捷。通过"调整"面板的添加，在"图层"面板中自动生成一个调整图层，便于对图像的修改，相对于调整命令具有明显的优越性与方便性。

3．"蒙版"面板

图层"蒙版"面板可以对蒙版图像进行浓度与羽化设置，快速创建和编辑蒙版。该面板提供所需要的所有工具，它们可用于创建基于像素和矢量的可编辑蒙版，调整蒙版密度和羽化，轻松选择非相邻对象等，轻松完成对蒙版图像的编辑。

4．旋转视图工具

新增旋转视图工具，可以对图像进行随意旋转，打破了以往软件的局限，可以根据需要对图像进行旋转调整，便于编辑。在使用旋转视图工具之前，需要在"首选项"对话框中勾选"启用 OpenGL 绘图（D）"复选框，单击"确定"按钮，重启 Photoshop　CS4 软件便可以使用旋转视图工具对图像进行旋转。

5．内容识别比例

Photoshop　CS4 新增"内容识别比例"命令，主要针对照片的后期调整，实现了照片无损失的剪裁操作，能够有效地保存照片中重要信息的同时进行图像调整。

6．自动对齐图层

利用新增的"自动对齐图层"命令，可以将打乱的图层根据颜色的相似度进行自动对齐，还原图像整体效果。

7．保留色调

相对以往的软件，减淡、加深和海绵工具现在可以智能保留颜色和色调详细信息，使图像在加深或减淡的同时，保留图像原色调效果。

8．新增强大的打印选项

借助出众的色彩管理与先进打印机型号的紧密集成，以及预览溢色图像区域的能力，实现卓越的打印效果。

三、任务实施

在熟悉了 Photoshop 的工作界面，学会了菜单组、快捷键和首选项的设置方法之后，我们就开始设置个性化的工作环境了。

（1）定义菜单组，步骤如下。

① 选择"编辑"→"菜单"命令；或选择"窗口"→"工作区"→"键盘快捷键和菜单"命令，打开图 1-23 所示的"键盘快捷键和菜单"对话框，单击"菜单"选项卡。

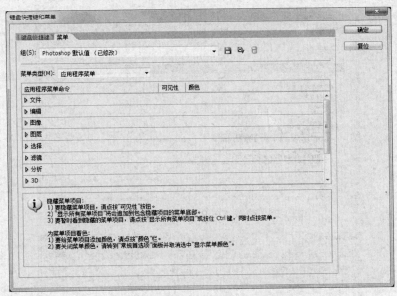

图 1-23　"键盘快捷键和菜单"对话框

② 在"键盘快捷键和菜单"对话框中，从"组"下拉列表选取一组菜单，从"菜单类型"下拉列表中选取"应用程序菜单"。

③ 单击"文件"菜单名称旁边的三角形，展开各菜单项，如图 1-24 所示。

④ 单击"在 Bridge 中浏览"后的"可见性"按钮，隐藏"在 Bridge 中浏览"菜单项，如图 1-25 所示。若要显示该菜单项，再次单击空的"可见性"按钮即可显示。

⑤ 单击"新建"菜单项后的颜色色板（如果未指定颜色，色板将显示"无"），选择所要设置显示的颜色。

⑥ 其他菜单项的设置与第④步和第⑤步方法类似，如图 1-26 所示。

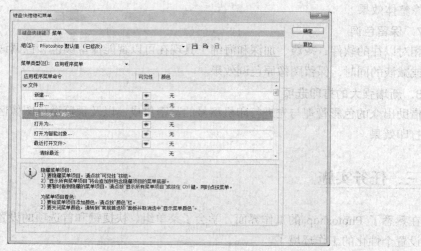

图 1-24 展开"文件"菜单

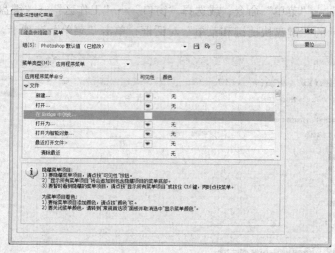

图 1-25 隐藏"在 Bridge 中浏览"菜单项

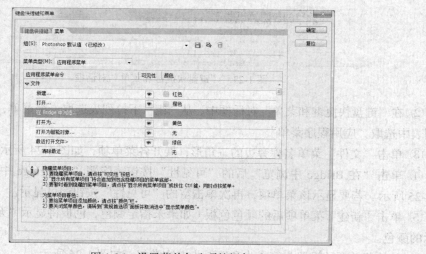

图 1-26 设置菜单各选项的颜色

⑦ 单击"存储"按钮 ![icon]，存储对当前菜单组所做的所有更改，效果如图 1-27 所示。

图 1-27 定义菜单组的效果

（2）菜单组设置完以后，对菜单项所对应的快捷键进行设置，步骤如下。

① 选择"编辑"→"键盘快捷键"命令；或选择"窗口"→"工作区"→"键盘快捷键和菜单"命令，打开图 1-28 所示的"键盘快捷键和菜单"对话框，单击"键盘快捷键"选项卡。

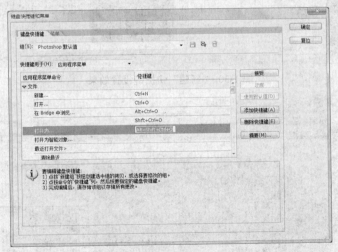

图 1-28 "键盘快捷键"对话框

② 单击"文件"旁边的小三角，展开"文件"菜单选项。

③ 单击"新建"菜单项，再单击"Ctrl+N"，修改为"Ctrl+/"，如图 1-29 所示。

④ 选择"接受"即可修改成功，如图 1-30 所示。

（3）对面板的选项任意组合搭配，隐藏工具箱和属性栏。

① 默认状态下工具箱、属性栏和面板组都是显示的，如图 1-31 所示。

图 1-29 修改"新建"选项的快捷键

图 1-30 "新建"快捷键设置效果

图 1-31 默认状态下的面板、工具箱和属性栏

② 选择"窗口"→"工具"/"选项"命令，即可设置工具箱和属性栏的显示或隐藏。

③ 单击选中面板中的"图层"，拖放到其他位置，松开即可拆分面板。

④ 选择"窗口"→"颜色"命令，将前面的对勾去掉，即可隐藏面板中的颜色组。调整后的效果如图 1-32 所示。

图 1-32　调整后的效果

实训项目

实训项目 1　安装、启动和关闭 Photoshop

1．实训的目的与要求

熟练掌握中文 Photoshop CS4 的安装、启动和关闭方法，并比较位图图像和矢量图形的不同之处。

2．实训内容

（1）尝试从光盘安装中文 Photoshop CS4 软件。

（2）尝试用多种方法启动 Photoshop CS4。

（3）分别打开一幅位图图像和一幅矢量图形，将它们放大到最大倍数，比较图像与图形的不同点。

（4）尝试用多种方法关闭 Photoshop CS4。

实训项目 2　Photoshop 工作界面的设置

1．实训的目的与要求

熟悉 Photoshop CS4 的工作界面，掌握根据喜好设置工作界面的方法。

2．实训内容

（1）工具箱和属性栏的隐藏和显示。

（2）面板的拆分和重新组合。

（3）对菜单组有选择性地显示或隐藏，并对菜单显示颜色进行个性化设置。

（4）以自己的名字存储工作界面设置。

（5）恢复系统默认的工作界面，再调出自己设置的工作界面。

项目总结

本项目先对 Photoshop 中的部分关键性概念，例如图像分辨率、位图图像、矢量图形以及常见的图像格式等进行了讲解；再介绍 Photoshop 的安装、启动方法；最后介绍 Photoshop 的工作环境，例如软件的全貌、菜单、工具箱、主要面板的功能等。

习题

一、选择题

1. 在 Photoshop 中，（　　　）是组成图像的最基本单位。

    A. 分辨率（ppi）   B. 像素（Pixel）

    C. 锚点   D. 路径

2. 矢量图是由诸如 Adobe Illustrator、Macromedia Freehand 等一系列图形软件产生的，它由一些数学方式描述的（　　　）组成。无论放大或缩小多少，矢量图的边缘都是平滑的，适用于制作企业标志。

    A. 直线   B. 曲线   C. 折线   D. 虚线

3. 在 Photoshop CS4 中，像素的形状只有可能是（　　　）。

    A. 矩形   B. 圆形   C. 正方形   D. 菱形

4. 当选择"文件"→"新建"命令，在弹出的"新建"对话框中不可以设定下面哪种色彩模式？（　　　）

    A. 位图模式   B. RGB 模式   C. 双色调模式   D. Lab 模式

5. 关于位图图像与矢量图的说法中正确的是（　　　）。

    A. 矢量图的基本组成单元是像素

    B. 位图的基本组成单元是锚点和路径

    C. Adobe Illustrator 图形软件能够生成矢量图

    D. Adobe Photoshop 软件能够生成矢量图

二、填空题

1. 图像分辨率的单位是_____。

2. 网页上能使用的文件格式有_____、_____、_____等。

3. 打开图像文件的快捷键是_____，新建图像文件的快捷键是_____。

三、问答题

1. 位图图像与矢量图形的区别有哪些？

2. Photoshop 可以将文件存储为哪些常用的图像格式？

3. 如何显示或隐藏工具箱？

项目二
Photoshop 的基本操作

【项目目标】

通过本项目的学习，读者基本了解 Photoshop 的基本操作，熟悉图像新建、打开、保存的基本方法，熟练地进行图像视图的显示及大小控制，并能够使用一些辅助工具对图像进行调整。

【项目重点】

1. 文件的基本操作
2. 图像的显示控制
3. 使用辅助工具
4. 改变图像的尺寸
5. 恢复操作

【项目任务】

熟练掌握 Photoshop 的基本操作，学会制作文档网格画以及进行图像拼接。

任务一 制作文档网格画

一、任务分析

从图 2-1 所示任务我们可以看出，制作文档网格画主要需要在新建的空白文档中一幅一幅地贴上相应的图片，处理起来并不难，只要有耐心，对齐了仔细贴就可以。但是这种做法费时费力，把简单的问题复杂化了。要想实现该任务的制作，只需要了解 Photoshop 中文件的基本操作和使用相应的辅助工具就可以简单地完成。

图 2-1 文档网格画

二、相关知识

首先，我们来了解一下 Photoshop 中的一系列文件基本操作，为以后的学习打下基础。

（一）文件的基本操作

1. 新建文件

启动 Photoshop 应用程序后，默认情况下不会自动新建文档，如果需要新建一个空白文档进行绘制，可以使用"文件"菜单。

操作步骤如下。

（1）选择"文件"→"新建"命令或者按快捷键【Ctrl+N】，可以打开"新建"对话框，如图 2-2 所示。

（2）在"新建"对话框中，我们需要对文档进行一系列设置来满足我们的需求。

"新建"对话框中，相关选项及参数含义如下。

名称：用来设置新建文档的名字，默认为"未标题序号"。

分辨率：用来设置图像文件的分辨率，一般多选用"像素/英寸"。如果图像仅用于屏幕演示，其分辨率应该设为显示器的分辨率和尺寸；如果图像用于输出设备，图像分辨率应该设为输出设备的半调网屏频率的 1.5～2 倍；另外，为保证输出质量，应该使设置的分辨率能整除打印机分辨率来避免产生图像的"打印花纹"。

颜色模式：用于设置图像的颜色模式和位数，可以选择位图、灰度、RGB 颜色、CMYK 颜色和 Lab 颜色。

背景内容：我们可以通过这个选项给新创建的空白图像设置白色、背景色或者透明的背景内容。

预设：指的是 Photoshop 中已经预先定义好的一些图像尺寸，可在其中进行图像大小的选择，如图 2-3 所示。

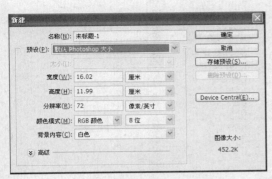

图 2-2　新建文件

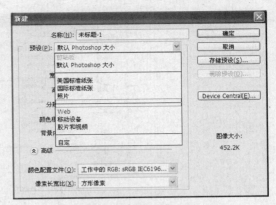

图 2-3　"新建"文件对话框

"预设"下拉列表中各选项的含义如下。

默认 Photoshop 大小：指的是"宽度"为 16.02 厘米，"高度"为 11.99 厘米，"分辨率"为 72 像素/英寸的图像大小。

国际标准纸张：选择这个选项，我们可以在"大小"下拉列表中选择所需的尺寸，如图 2-4 所示。如果选择了 A4、A3 或其他和打印有关的预设，高、宽会转为毫米，打印分辨率会自动设为 300 像素/英寸。

Web：选择这个选项，我们可以在"大小"下拉列表中选择 640×480、800×600 等这类的预设，"分辨率"则为 72 像素/英寸，高、宽单位是像素，如图 2-5 所示。

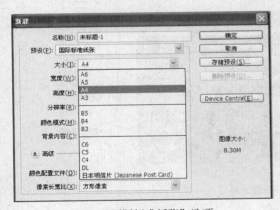

图 2-4　"国际标准纸张"选项

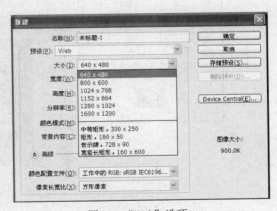

图 2-5　"Web"选项

另外，我们还可以在"宽度"和"高度"文本框中自行填入数字，"预设"项会自动转变为"自定"，但是在填入前一定要先注意单位的选择是否正确，避免出现把"640 像素"输入成"640 厘米"之类的情况，否则做出来的图是非常大的。

（3）当这些内容都设置好之后，系统会自动计算出图像文件的大小显示在对话框的右侧。

2．打开文件

如果我们需要操作的是一幅已有的图像，那么就需要执行打开文件的操作。

① 选择"文件"→"打开"命令或者按快捷键【Ctrl+O】，可以打开"打开"对话框，如图 2-6 所示。

② 通过"查找范围"下拉列表框或者对话框左侧的快捷方式选择需要打开的文件路径。

图 2-6 "打开"对话框

③ 选择需要打开的一个或多个文件，单击对话框中的"打开"按钮打开图像，如图 2-7 所示。打开的文档窗口以选项卡方式显示。

图 2-7 打开图像效果

可以用鼠标右键单击文档选项卡，在弹出的右键菜单中选择"移动到新窗口"，或者直接使用鼠标左键拖动到其他位置松开，以文档窗口方式显示，如图 2-8 所示。

在 Photoshop 图像窗口的灰色空白处双击，也可以打开文件。

我们还可以通过 Bridge（导航控制中心）来进行文件的打开和管理，Adobe Bridge 在 Photoshop 7.0 开始引入的"文件浏览器"的基础上，更进一步实现了对整个套件的项目文件、应用程序和设置的集中化访问。

3．导入文件

我们还可以把通过扫描仪扫描的和数码相机拍摄的图像文件、外部视频文件以及外部批注信息导入 Photoshop 进行制作。

图 2-8　移动到新窗口

（1）扫描图像文件。

对已有照片或图片进行扫描是得到图像文件的一个常用方法。扫描得到的图像文件的质量取决于扫描仪及进行扫描操作时设置的分辨率。当我们安装了扫描仪后，选择"文件"→"导入"命令，在打开的子菜单中选择安装的扫描仪名称，就可以进行图像扫描了，如图 2-9（a）和图 2-9（b）所示。

图 2-9（a）　选择扫描图像文件的菜单命令

（2）导入数码相机图像文件。

有些数码相机如果使用的操作系统为 Windows XP，可以通过"Windows 图像采集（WIA）"导入数码相机的图像文件。

操作步骤如下。

① 选择"文件"→"导入"→"WIA 支持"命令。

② 在计算机上选择保存图像文件的位置。

③ 如果导入后直接在 Photoshop 中打开，则选中"在 Photoshop 中打开已获取的图像"项；如果要导入大量图像，或者想在以后编辑图像，则取消选中该选项。

图 2-9（b） 扫描图像文件

④ 单击"开始"按钮后选择数码相机。

⑤ 选择所要导入的图像，单击"获取图片"按钮完成导入。

（3）导入外部视频文件。

选择"文件"→"导入"→"视频帧到图层"命令，在弹出的"载入"对话框中选择所需视频文件，Photoshop 将自动新建一个文件，根据导入视频文件中的范围将视频文件中的图像导入，并将每一帧图像分图层存放，如图 2-10（a）～图 2-10（d）所示。

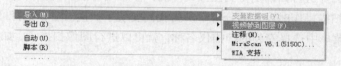

图 2-10（a） 选择菜单命令

图 2-10（b） 选择要导入的视频

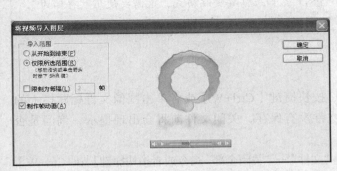
图 2-10（c）　选择导入范围

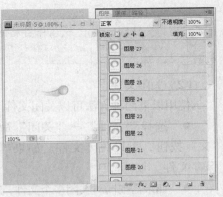
图 2-10（d）　导入视频帧到图层完成

4．保存和关闭文件

（1）保存文件。

图像制作完成之后，我们需要进行保存，分为以下几种情况。

① 如果这是新建文件的第一次保存，直接选择"文件"→"存储"命令或者按快捷键【Ctrl+S】，可以打开"存储为"对话框，如图 2-11 所示。在"文件名"文本框中输入文件名，在"格式"下拉列表框中选择保存的格式，在对话框的下方"存储选项"中选择需要保存的相应选项，单击"保存"按钮即可。

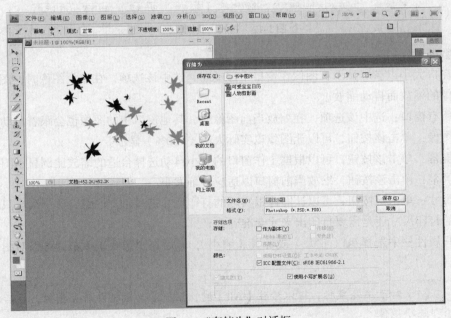
图 2-11　"存储为"对话框

② 如果已经做过保存工作后进行了修改还需要保存，或者是对一幅已有图像进行了修改需要保存，可以选择"文件"→"存储"命令或者按快捷键【Ctrl+S】，这时不会弹出"存储为"对话框，直接进行保存。

③ 如果需要对图像文件进行重新命名，我们可以选择"文件"→"存储为"命令或者按快捷键【Shift+Ctrl+S】，仍然会弹出图 2-11 所示的"存储为"对话框，根据具体情况进行更改之后保存。

Photoshop 默认保存格式为"PSD"，如果需要更改格式，也需要使用"存储为"命令。

（2）关闭文件。

使用以下两种方法可以关闭文件。

● 选择"文件"→"关闭"命令、按快捷键【Ctrl+W】或者单击图像文件标题栏上的"×"按钮，可以关闭文件。如果当前文件没有保存，关闭文件前将会出现提示，询问是否保存文件。

● 如果需要同时关闭多个文件，选择"文件"→"关闭全部"命令或者按快捷键【Alt+Ctrl+W】，可以同时关闭所有已打开的图像文件。

（二）图像的显示控制

为了便于更好地编辑和修改图像，经常需要对当前文件的显示效果进行调整，在 Photoshop 中，为用户提供了缩放、移动图像窗口显示区域等多种图像视图控制工具和命令。

1．图像的缩放

（1）使用缩放工具。

单击工具箱中的缩放工具 🔍 或按【Z】键，会激活"缩放工具"属性栏，如图 2-12 所示。

🔍 ▾　⊕⊖　□调整窗口大小以满屏显示　□缩放所有窗口　实际像素　适合屏幕　填充屏幕　打印尺寸

图 2-12　缩放工具属性栏

其参数如下。

调整窗口大小以满屏显示：图像在窗口中浮动时，选中该选项，在缩放图像时，图像窗口也将随着图像的缩放而自动缩放。

缩放所有窗口：选中该选项，在缩放当前图像时，其他窗口中的图像也会跟着自动缩放。

实际图像：单击该按钮，可以让图像以实际大小（100%）显示。

适合屏幕：单击该按钮，可以根据工作窗口的大小自动选择合适的缩放比例显示图像。

填充屏幕：单击该按钮，缩放当前窗口以适应屏幕大小。

打印尺寸：单击该按钮，可以让图像以实际的打印尺寸来显示。注意，这个大小只能作为参考，真实的打印尺寸还是需要打印出来才会准确。

在工具属性栏中选择 🔍（放大）或者 🔍（缩小），然后在图像窗口单击即可以对图像进行放大或缩小。

（1）对于滚轮鼠标，可以按住【Alt】键，往前滚动滚轮即放大图像，往后滚动滚轮即缩小图像。

（2）双击"缩放工具"按钮 🔍，也可以让图像以实际大小显示。

（3）双击"抓手工具"按钮 ✋，也可以根据工作窗口的大小自动选择合适的缩放比例显示图像。

（4）在选中缩放工具的情况下，使用鼠标在图像上拖出一个矩形框，Photoshop 会将所框选的区域充满当前图像窗口放大显示。

（2）使用"视图"菜单。

在"视图"菜单中有 5 个菜单选项用于调整图像的显示比例，如图 2-13 所示。

图 2-13　"视图"菜单

放大：图像显示比例放大一级。

缩小：图像显示比例缩小一级。

按屏幕大小缩放：根据工作窗口的大小自动选择合适的缩放比例显示图像。

实际像素：图像以实际大小（100%）显示。

打印尺寸：图像以实际的打印尺寸来显示。

按【Ctrl++】组合键可以放大图像，按【Ctrl + -】组合键可以缩小图像。

（3）使用"导航器"面板。

我们还可以使用"导航器"面板来改变图像的显示比例。选择"窗口"→"导航器"命令，可以调出"导航器"面板，如图 2-14 所示。

在"导航器"面板中，在"显示比例"文本框中输入显示百分比，拖动"显示比例"滑块以及单击"缩小显示"或"放大显示"按钮，都可以调整图像窗口的显示比例来进行图像的缩放。

"导航器"面板中的红色方框表示窗口中显示的图像区域，移动该红色方框，可以改变图像在窗口中的显示区域。

（4）输入比例数值。

将光标定位于图像窗口左下角的状态栏中，直接输入所需的显示比例数值，也可以控制显示比例来进行图像的缩放。

（5）"屏幕模式"显示图像。

我们还可以通过"视图"→"屏幕模式"子菜单中的 3 个选项或者"屏幕模式"按钮来控制图像的显示效果，如图 2-15 所示。

图 2-14　"导航器"面板

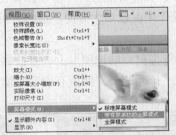

图 2-15　屏幕模式

标准屏幕模式：在该模式下，窗口内能显示 Photoshop 的所有项目，即 Photoshop 的默认显示模式。

带有菜单栏的全屏模式：在该模式下，屏幕将以带有菜单栏的全屏模式显示，即显示工具箱、菜单栏、工具属性栏、浮动面板，不显示滚动条和标题栏，如图 2-16（a）所示。

全屏模式：在该模式下，屏幕将以全屏模式显示，即不显示菜单栏、滚动条、标题栏、工具箱、工具属性栏和浮动面板，如图 2-16（b）所示。在全屏模式下，面板是隐藏的，可以在屏幕的两侧访问面板，或者按【Tab】键显示面板。此模式最能全面查看图像的效果。

图 2-16（a）带有菜单栏的全屏模式　　　　　图 2-16（b）全屏模式

反复按【F】键，也可以在这几种屏幕模式之间进行切换。

2．查看图像的不同部分

当图像无法在窗口中完全显示时，窗口会出现滚动条，我们可以使用以下 4 种方法来查看图像的不同部分。

使用抓手工具 ：选择工具箱中的抓手工具 或者按【H】键，这时鼠标指针将变为 形状，用鼠标在图像上拖动就可以看到图像的不同部分。

使用滚动条：拖动窗口中出现的水平或垂直滚动条也可以查看图像的不同部分。

使用导航器：拖动"导航器"面板中的红色方框到需要显示的图像区域，可以查看图像的不同部分。

使用快捷键：按住空格键不松手，图像上会出现 形状的鼠标指针，用鼠标在图像上拖动就可以看到图像的不同部分；按【PgUp】、【PgDn】键可以上下滚动图像窗口；按【Shift+ PgUp】、【Shift+ PgDn】组合键可以上下微调滚动窗口。

3．图像窗口布置

在 Photoshop CS4 中，若屏幕上打开了多个图像窗口，以文档选项卡方式显示时，对于同时进行多个图像的观察与操作来说就不太方便。这时，可以使用以下两种方法来重新布置窗口，使图像显示更为直观。

● 将鼠标指针置于图像窗口的选项卡上，直接将窗口拖动到屏幕上的任何位置。

● 选择"窗口"→"排列"→"使所有内容在窗口中浮动"命令，效果如图 2-17 所示。

图 2-17　"使所有内容在窗口中浮动"命令

然后选择"窗口"→"排列"→"层叠"或者"平铺"命令，也可以重新布置图像窗口，如图 2-18（a）和图 2-18（b）所示。

图 2-18（a） "层叠"命令

图 2-18（b） "平铺"命令

当不需要多个图像同时显示时，我们还可以选择"窗口"→"排列"→"使所有内容合并到选项卡中"命令，把它们合并起来。

（三）使用辅助工具

Photoshop 为用户提供了标尺、参考线、网格等辅助工具，以方便我们在处理图像时进行精确地定位。

1．标尺

（1）使用标尺。

使用标尺可以精确地观察到鼠标指针的当前位置。在图像窗口显示标尺，可以选择"视图"→"标尺"命令或者按【Ctrl+R】组合键，如图 2-19 所示。

（2）更改标尺原点。

为了便于查看对象的尺寸和位置，默认标尺原点为窗口的左上角，坐标为（0,0），原点位置也可以根据实际需求进行改变。

将鼠标指针移动到窗口的默认原点位置，按住鼠标左键把虚线拖动到合适位置就可以改变标尺的原点位置，如图 2-20（a）、图 2-20（b）、图 2-20（c）所示。

图 2-19　显示标尺

图 2-20（a）　原始原点位置

图 2-20（b）　拖动鼠标

图 2-20（c）　改变标尺原点

用鼠标双击标尺左上角的相交处即可恢复默认原点位置。

（3）更改标尺单位。

标尺的单位默认为厘米，如果需要更改，可以选择"编辑"→"首选项"→"单位与标尺"命令，在"单位"栏的"标尺"下拉列表框中选择需要的单位进行更改，如图 2-21 所示。

2．参考线

使用参考线可以帮助我们精确地定位图像或元素位置。

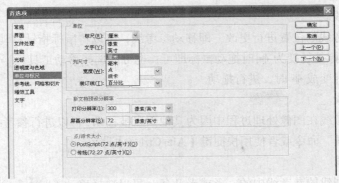

图 2-21　改变标尺单位

（1）创建参考线。

创建参考线的方法有以下两种。

● 显示出标尺后，在标尺上按住鼠标左键拖动出参考线，从水平标尺上拖动得到水平参考线，从垂直标尺上拖动得到垂直参考线，创建方法如图 2-22（a）和图 2-22（b）所示。

图 2-22（a）　拖出垂直参考线

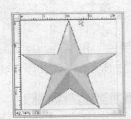  

图 2-22（b）　拖出水平参考线

● 当需要创建位置比较精确（比如 5.25cm）的参考线时，拖动的方法就不可行了，这时，我们可以使用菜单方法。选择"视图"→"新建参考线"命令，在弹出的"新建参考线"对话框中选择参考线的方向取向并输入数值，然后单击"确定"按钮，系统会自动在图像窗口中创建一条设定方向和数值位置的参考线，如图 2-23 所示。

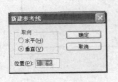  

图 2-23　创建精确位置参考线

（2）移动参考线。

如果需要对参考线的位置进行更改，即移动参考线，可以将鼠标指针移动到参考线位置，按住【Ctrl】键，当鼠标指针变为 ⁜ 时拖动鼠标即可；也可以选择移动工具 ⊾₊，移动鼠标指针到参考线处，当鼠标指针变成 ⁜ 时，进行拖动。

（3）锁定参考线。

如果不希望参考线在图像处理过程中因为其他因素被移动，可以进行参考线的锁定，选择"视图"→"锁定参考线"命令或者使用快捷键【Alt+Ctrl+；】即可。

（4）清除参考线。

如果需要清除创建的参考线中的一条或者几条，可以选择移动工具 ⊾₊。当鼠标指针变成 ⁜ 时，将参考线拖出窗口区域即可；如果创建的参考线都不需要了，可以选择"视图"→"清除参考线"命令，一次性删除所有参考线。

如果在拖动创建参考线的过程中需要改变参考线的方向，在鼠标拖动的过程中按住【Alt】键即可。

3．网格

网格也是一种常用的辅助定位工具。选择"视图"→"显示"→"网格"命令或者使用快捷键【Ctrl+'】，可以在图像窗口中显示网格，如图 2-24 所示。

4．设置参考线和网格格式

有时候由于图像颜色的原因，需要改变参考线和网格的颜色和样式等，以便于查看。具体操作步骤如下。

（1）选择"编辑"→"首选项"→"参考线、网格和切片"命令，打开"首选项"对话框。

（2）在"首选项"对话框中，单击"参考线"栏中的"颜色"和"样式"下拉列表框，可以更改参考线的颜色和样式，如图 2-25 所示。

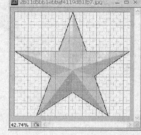

图 2-24　显示网格

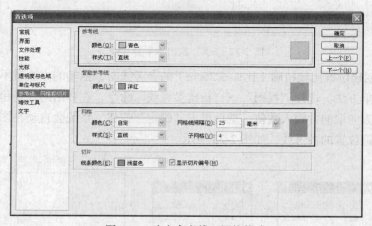

图 2-25　改变参考线、网格格式

（3）在"首选项"对话框中，单击"网格"栏中的"颜色"、"样式"下拉列表框，可以更改网格的颜色和样式；在"网格线间隔"和"子网格"文本框中，可以设置网格线的间隔和子网格的个数，如图 2-25 所示。

不管是参考线还是网格，都是辅助工具，打印图像时是不会被打印出来的，只在需要显示时，选择"视图"→"显示"命令将其显示。

三、任务实施

学习了文件基本操作的相关知识，下面我们开始制作"文档网格画"。

（1）选择"文件"→"新建"命令或者按快捷键【Ctrl+N】，可以打开"新建"对话框，进行相应设置，如图 2-26 所示。

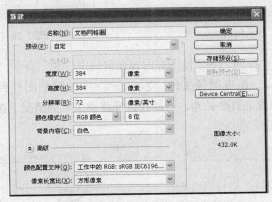

图 2-26　新建文件

（2）选择"编辑"→"首选项"→"参考线、网格和切片"命令，打开"首选项"对话框。

（3）在弹出的"首选项"对话框中设置网格参数，"网格线间隔"单位设置为"百分比"，值为 25，"子网格"设置为 1，如图 2-27 所示。

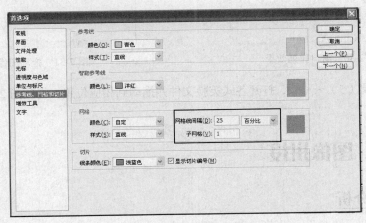

图 2-27　设置网格参数

（4）选择"视图"→"显示"→"网格"命令或者使用快捷键【Ctrl+'】，在图像窗口中显示网格，如图 2-28 所示。

（5）双击 Photoshop 窗口灰色空白区域选中图"2-1（a）.jpg"文件并打开图像文件，如图 2-29 所示。

图 2-28　显示网格

图 2-29　打开文件

（6）选择"窗口"→"排列"→"使所有内容在窗口中浮动"命令，排列效果如图 2-30 所示。

（7）选择移动工具 ，拖曳图像文件"2-1（a）"中的笑脸图片到文档网格画中，放置在图 2-31 所示位置。如果位置上有些偏差，可以在选择移动工具的情况下按键盘上的【←】、【↑】、【↓】、【→】键进行微调。

图 2-30　窗口排列效果

图 2-31　拖动图像

（8）重复步骤（5）～（7），打开各式笑脸文件并拖动到相应位置，得到图 2-1 所示的文档网格画。

任务二　图像拼接

一、任务分析

从图 2-32 所示任务我们可以看出，图像拼接主要需要对已打开的文档中的图像进行方向的变换并保存，在已打开的文档中进行画布尺寸的扩展，然后把需要拼接的已经进行了方向变换的图像移入本图像内就可以了。要想实现该任务的制作，只需要了解 Photoshop 中图像的二维变形就可以简单地完成。

图 2-32　图像拼接

二、相关知识

在图像处理的过程中，经常需要对图像进行各种诸如变大、变小、倾斜等操作，我们称之为图像的二维变形，主要包括改变图像尺寸、裁切以及改变画布大小、方向等。

（一）改变图像的尺寸

改变图像的尺寸主要包括以下 3 种情况。

1. 改变图像大小

选择"图像"→"图像大小"命令或者使用快捷键【Alt+Ctrl+I】，可以改变图像大小。这是在图像内容不变的情况下改变图像的尺寸，这种重新定义图像尺寸的命令一般会使图像丢失掉某些细节，导致图像质量的下降，因此，当我们创建图像时，如果分辨率足够高的话，应该尽量避免这种操作。

改变图像大小的具体操作步骤如下。

（1）选择"图像"→"图像大小"命令或者使用快捷键【Alt+Ctrl+I】，显示图 2-33 所示的对话框。

（2）在"像素大小"栏的"高度"和"宽度"文本框中输入数值（默认单位为像素），则按输入数值大小改变图像文档的大小，图像分辨率不变。

（3）在"文档大小"栏的"高度"和"宽度"文本框中输入数值（默认单位为厘米），则得到所需打印图像的高度与宽度，这时图像的像素数也会按比例发生变化，图像分辨率不变。

（4）在"文档大小"栏的"分辨率"文本框中输入数值，则图像像素数将按比例发生变化，而图像的打印尺寸不变。

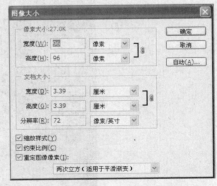

图 2-33　"图像大小"对话框

（5）在对话框的下部，可以看到"缩放样式"复选框，如果设置了这个选项，则在调整图像大小时，将按比例缩放效果。"约束比例"复选框，如果设置了这个选项，在"高度"和"宽度"选项的后面会出现约束链条，表示当高度和宽度中任意一个数值发生改变时，另一个参数值也会

41

根据比例发生变化；不选此选项则不会发生这种情况。

（6）选择"重定图像像素"复选框时，当改变图像大小时，图像所设定的像素大小也会发生改变。当图像变大时，其增加像素的方式由下面的下拉列表框决定；如果不选此项，改变图像的打印尺寸，其分辨率会按比例发生变化，即宽度、高度和分辨率 3 个数值都被锁定，图像的像素点保持不变，即图像文件大小不变。这种情况下改变图像尺寸，系统自动调整分辨率适应大小的变化，将不会影响图像的质量，如图 2-34 所示。

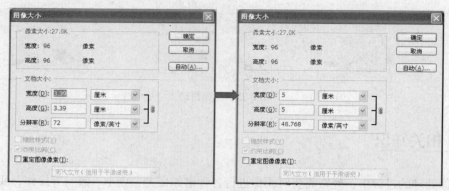

图 2-34　取消选择"重定图像像素"复选框时的情况

2．裁切图像

有时候我们只需要图像中某部分内容，这时候我们可以进行图像的裁切。

（1）裁切工具。

单击工具箱中的裁切工具 ▣ 或按【C】键，在菜单栏的下方就会出现其工具属性栏，如图 2-35 所示。

图 2-35　"裁切工具"属性栏

在图像所需内容上拖动出一个矩形框，矩形框的外围将会被较暗的颜色遮住，如图 2-36（a）所示。

图 2-36（a）　选区裁切区域

工具属性栏如图 2-36（b）所示。

图 2-36（b）　工具属性栏

　　用鼠标拖曳选区的各个节点可以调整选区的形状，调整好后，按【Enter】键或者单击工具属性栏上的 ✔ 按钮，完成裁切，生成图像如图 2-36（c）所示。

　　在裁切过程中，还可以进行旋转裁切和透视裁切。在图 2-36（a）所示的裁切框中，如果将鼠标指针置于裁切框控制点的外侧，就会出现旋转形状的鼠标指针，这时拖动鼠标可以使裁切框围绕中心点进行旋转，以适合裁切的需要，如图 2-37（a）和图 2-37（b）所示。

 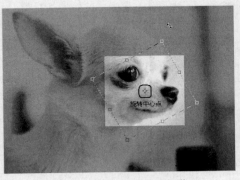 

图 2-36（c）　裁切后的图像　　　　图 2-37（a）　旋转裁切操作　　　　图 2-37（b）　旋转裁切结果

　　如果在"裁切工具"属性栏中选择了 ☑透视 选项，则可以任意位置拖动图 2-36（a）所示的裁切框控制点，如图 2-38（a）所示，按【Enter】键或者单击工具属性栏上的 ✔ 按钮，得到图 2-38（b）所示效果。

图 2-38（a）　透视裁切操作　　　　图 2-38（b）　透视裁切结果

　　　　通过裁切工具可以纠正图像拍摄的倾斜现象。

　　（2）"裁切"命令。

　　选择"图像"→"裁切"命令，弹出图 2-39 所示对话框，将会按照对话框中选择的区域裁切掉相应的部分。

　　3. 改变画布的大小及方向

　　（1）改变画布的大小。

选择"图像"→"画布大小"命令或者按快捷键【Alt+Ctrl+C】，打开图 2-40（a）所示对话框，在"宽度"和"高度"文本框中输入需要改变的画布尺寸，并在定位格中选择当前图像在新画布上的位置，如图 2-40（b）所示。当新画布的尺寸大于当前图像尺寸时，会生成一个由"画布扩展颜色"选项中选中颜色填充的外框，如图 2-40（c）所示；当新画布的尺寸小于当前图像尺寸时，相当于裁切图像。

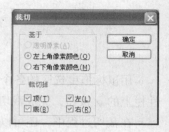

图 2-39　"裁切"对话框

图 2-40（a）　"画布大小"对话框

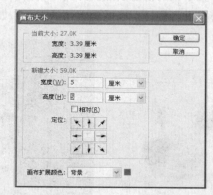

图 2-40（b）　改变"宽度"和"高度"

（2）改变画布方向。

选择"图像"→"图像旋转"命令，如图 2-41 所示。

图 2-40（c）　最终结果

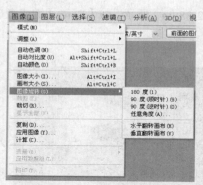

图 2-41　"图像旋转"子菜单

在打开的子菜单中，可以选择各种角度对整个画布进行旋转，空白处将以当前选择的背景色填充。选择"任意角度"选项，设置旋转 45°，如图 2-42 所示。

图 2-42　图像旋转

还可以选择"水平翻转画布"和"垂直翻转画布"，对整个图像进行对称翻转，如图 2-43 所示。

原图　　　　　　水平翻转　　　　　　垂直翻转

图 2-43　水平翻转和垂直翻转

（二）恢复操作

在编辑和处理图像的过程中，经常会出现由于不满意当前的一步或几步操作而希望恢复到之前图像的情况，Photoshop 提供了很多方法来帮助我们解决这种情况。

1．还原操作

Photoshop 提供了"还原"操作来恢复上一步的操作，因此，当出现需要恢复上一步操作的情况时，选择"编辑"→"还原"命令或者按快捷键【Ctrl+Z】就可以了。

还原操作只能还原到上一步状态，不能连续向上还原。

2．后退一步操作

选择"编辑"→"后退一步"命令或者按快捷键【Alt+Ctrl+Z】，也可以还原到上一步操作，并且此命令可以进行连续的还原；也就是说，如果还需要继续向上还原，可以反复多次执行此命令，直到恢复到所需要的编辑状态。

3．前进一步操作

当进行过"还原"或者连续的"后退一步"操作之后，又需要恢复到前面所遇到的某一状态时，可以使用"编辑"→"前进一步"命令或者按快捷键【Shift+Ctrl+Z】，此命令含义与"后退一步"正好相反。

4．"历史记录"面板

Photoshop 提供了"历史记录"面板，来恢复到任意指定步骤的图像中。

如果屏幕上没有显示"历史记录"面板，可以选择"窗口"→"历史记录"命令显示"历史记录"面板，如图 2-44 所示。

"历史记录"面板中以操作命令名或者使用的工具名记录了图像操作的每一个画面。在"历史记录"面板中单击其中的任意一个画面，图像就会恢复到该画面状态，后面的操作步骤就会变为灰色，如图 2-45 所示；单击变为灰色的操作，又会重新返回到该图像状态中。

图 2-44　"历史记录"面板

图 2-45　撤销历史记录

当选择了历史记录中的其中的某一状态画面后开始进行新的图像操作，就会自动删除该状态后所有记录的画面。

单击"历史记录"面板下方的"创建新快照"按钮 ，可以将当前的图像画面记录为快照，保存在面板的上方。就算该历史记录的画面被删除了，快照图像仍然会被保存下来，方便用户恢复图像使用。

单击"历史记录"面板下方的"从当前状态创建新文档"按钮 ，则将当前状态的画面复制为一个新的图像文档。

单击"历史记录"面板下方的"删除当前状态"按钮 ，将删除当前状态及其以后的操作画面。

单击面板右侧的 按钮，在弹出的菜单中选择"清除历史记录"命令，将会清除当前记录状态上面的所有历史记录状态，这个操作可以还原；如果在操作时按下了【Alt】键，则不可还原。

单击面板右侧的 按钮，在弹出的菜单中选择"历史记录选项"命令，可以打开"历史记录选项"对话框，如图 2-46 所示。

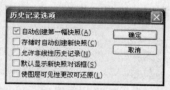

图 2-46 "历史记录选项"对话框

默认状态选择"自动创建第一幅快照"选项，当我们打开一幅图像或者新建一个文档时，自动设置打开的图像文件或者新建的空白文档为第一个快照，显示在"历史记录"面板上方第一栏；设置"存储时自动创建新快照"，每次存储时会生成一个快照；设置了"允许非线性历史记录"，当选择了历史记录中的其中某一状态画面后开始进行新的图像操作，不会删除该状态后所有记录的画面；设置了"默认显示新快照对话框"，则每次新建快照时都会出现新快照对话框，以便于输入快照名称；设置了"使图层可见性更改可还原"，则在步骤中记录包括图像可见性的更改操作。

"历史记录"面板左侧的 用于设置"历史记录画笔的源"，在以后的章节中会详细介绍。

（1）针对比如画笔、面板、颜色设置、动作和首选项的更改，不会显示在"历史记录"面板中。

（2）在默认情况下，最多可以记录最近产生的 20 个画面，当我们的操作步骤数大于这个数值后，前面的画面将会被删除，以便为 Photoshop 释放出更多的内存。我们可以选择"编辑"→"首选项"→"性能"命令，在弹出的对话框中对"历史记录与高速缓存"栏的"历史记录状态"项进行最多记录画面数的更改。

（3）当文档被关闭后再重新打开，所有的历史记录和快照都将自动消失。

三、任务实施

学习了改变图像尺寸和恢复操作的相关知识，下面我们开始制作"图像拼接"。

（1）双击灰色空白区域，打开需要拼接的图片"2-2（a）"，如图 2-47 所示。

（2）选择"图像"→"图像旋转"→"水平翻转画布"命令，对图像进行翻转，效果如图 2-48 所示。

图 2-47 打开图像

图 2-48 水平翻转画布

（3）选择"文件"→"存储为"命令，在弹出的"存储为"对话框中给水平翻转的文件命名为"2-2（b）.jpg"，单击"保存"按钮，在弹出的"JPEG 选项"对话框中单击"确定"按钮，如图 2-49 所示。

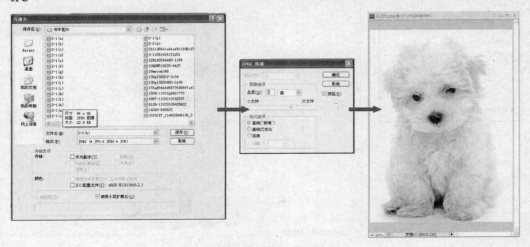

图 2-49 保存文件

（4）同时打开两幅图像后，选择"窗口"→"排列"→"平铺"命令，令两幅图像同时显示在屏幕中，如图 2-50 所示。

图 2-50　使用"平铺"命令同时显示两幅图像

（5）选择图像文件"2-2（a）"为当前文件，选择"图像"→"画布大小"命令或者按快捷键【Alt+Ctrl+C】，打开"画布大小"对话框进行扩展设置，设置宽度为原来的两倍，值为 13.06 厘米，"画布扩展颜色"设为白色，如图 2-51 所示。

图 2-51　进行画布扩展

（6）发现图中所示效果并非我们想要的效果，选择"编辑"→"还原画布大小"命令或通过"历史记录"面板恢复上步操作，然后重新执行"画布大小"命令，设置"定位"位置，效果如图 2-52 所示。

图 2-52　重新进行画布扩展

（7）选择移动工具，拖动文档"2-2（b）"中的图像到文档"2-2（a）"中，放置在合适的位置上，可以使用键盘上的【←】、【↑】、【↓】、【→】键进行微调，效果如图 2-53 所示。

图 2-53　完成效果

实训项目

实训项目 1　合成四季图片

1. 实训的目的与要求
学会进行网格的设置与显示，熟练地完成四季图片的合成。

2．实训内容

使用所给素材，制作出图 2-54 所示的图片。

图 2-54 实训项目 1

实训项目 2　为照片制作边框

1．实训的目的与要求

学会进行图像大小的变化，熟练地使用这些知识制作照片的边框。

2．实训内容

使用所给素材，给照片制作出图 2-55 所示的边框效果。

图 2-55　项目实训 2

项目总结

在 Photoshop 中，我们主要是对图像进行处理，这就需要用到图像的新建、打开、保存和关闭操作，还需要根据情况需要对图像的大小进行适当的变换；此外，如果操作有误或者操作执行的效果不理想，需要恢复到以前的状态。通过本项目的实践，读者可以掌握图像这一系列操作知识。

习题

一、选择题

1. 保存文件的快捷键是（　　　）。

A．Shift+C　　　　　B．Ctrl+S　　　　　C．Alt+S　　　　　D．Alt+Y

2. 如果想要一次性关闭当前打开的所有文档窗口，可以通过（　　　）操作完成。

A．选择"文件"→"关闭全部"命令

B．按快捷键【Ctrl+W】

C．选择"文件"→"关闭"命令

D．按快捷键【Ctrl+Alt+W】

3. 按快捷键（　　　）可以在图像窗口显示或隐藏标尺。

A．Ctrl+A　　　　　B．Ctrl+R　　　　　C．Ctrl+X　　　　　D．Ctrl+D

4. 使用以下（　　　）工具可以查看放大后的图像的不同部分。

A．网格工具　　　　B．参考线　　　　　C．标尺　　　　　D．抓手工具

5. 如果要多次撤销前面的相关操作，可以按快捷键（　　　）。

A．Ctrl+Alt+Z　　　B．Ctrl+R　　　　　C．Alt+F　　　　　D．Ctrl+Alt+S

二、填空题

1. 选择"窗口"→"排列"子菜单下的＿＿＿＿命令，可以平铺排列窗口。

2. 在"打开"对话框中，按住＿＿＿＿键，可以一次性选择多个文件打开。

3. Photoshop CS4 为用户提供了 3 种不同的屏幕显示模式，分别为标准屏幕模式、＿＿＿＿和全屏模式。

4. 当需要将标尺的原点恢复到默认的左上角位置时，只需要＿＿＿＿即可。

三、问答题

1. 怎样创建水平或者垂直参考线？

2. 缩小或放大图像有几种方法？

项目三

图像的色彩调整

【项目目标】

通过本项目的学习，读者能够了解颜色的基本概念，能够根据实际需要来选取不同的颜色；掌握各种常用颜色模式的特点与作用，并且能够相互转换；掌握常用的图像色彩调整方法。

【项目重点】

1. 颜色的选取
2. 颜色模式的相关概念与转换
3. 对图像的色彩进行调整

【项目任务】

熟练掌握常用的图像色彩调整方法，学会制作双色调图像和秋景图。

任务一　制作双色调图像

一、任务分析

完成本任务需要了解图像的各种模式和各种模式的特点及其用途，掌握各种模式之间的转换方法，转换时的参数设置和意义。使用图像模式的相关功能，将原来彩色图像转换为双色图像，转换前后分别如图 3-1（a）和图 3-1（b）所示。

图 3-1（a）　转换前图像

图 3-1（b）　转换后图像

二、相关知识

（一）颜色的选取

1. 拾色器

在进行图像处理时，为了某种需要，往往要选取一些特定的颜色。我们可以通过拾色器来选取或设置颜色。

在工具箱中单击前景色或背景色图标■可分别打开前景色拾色器和背景色拾色器，如图 3-2 所示。前景色拾色器主要用于设置图像前景色，背景色拾色器主要用于设置图像背景的颜色，它们的操作相同。

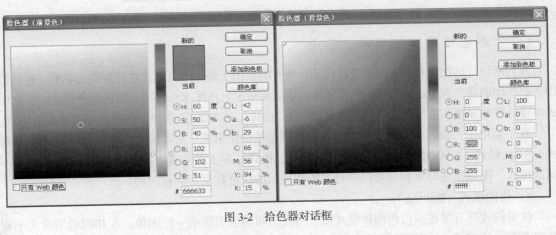
图 3-2　拾色器对话框

以前景色拾色器为例，可分别选择 HSB、RGB、Lab 和 CMYK 4 种模式选择相应的颜色。亦可单击"颜色库"按钮，选择不同的颜色库，如图 3-3 所示。

2. 选取图片上已有的颜色

对于图片上的各种颜色，可以使用工具箱中的吸管工具进行选择，打开拾色器对话框后将鼠标指针移动到图片位置的任意地方，鼠标指针变为吸管工具图标，单击某点后，拾色器中选取的颜色则变为鼠标单击的图像上当点的颜色，如图 3-4 所示。

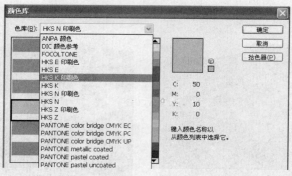

图 3-3　颜色库

图 3-4　选取图片上已有颜色

（二）颜色模式

我们所设计的图像有着不同的实际应用，如有的是用于制作网页图片在计算机上观看，有的是用于制作印刷品，为了达到最佳的色彩效果，这就要根据具体需求来选择不同的颜色模式。颜色模式以建立好的描述和重现色彩的模型为基础。在"图像"→"模式"菜单下可以选择多种颜色模式。

在子菜单中，我们可以看到常见的色彩模式包括位图模式、灰度模式、双色调模式、HSB 模式、RGB 模式、CMYK 模式、Lab 模式、索引色模式、多通道模式以及 8 位/16 位模式，对于不同的模式，图像描述和重现色彩的原理及所能显示的颜色数量是不相同的。

1．位图模式（Bitmap）

位图模式只有黑色或白色两种模式值，所以又叫黑白图像或一位图像。在相同的图像大小和分辨率下，位图模式的图像所占存储空间最小。

2．灰度模式（Grayscale）

和位图模式相比，灰度模式的每个像素有一个 0（黑色）到 255（白色）之间的亮度值，这样可以使用 256 级灰度来表现图像，图像的过渡更平滑细腻。我们平常所提到的黑白照片其实就是灰度模式的图像。

3．双色调模式（Duotone）

双色调模式中有双色调、三色调、四色调，分别采用两种颜色、3 种颜色和 4 种颜色的油墨来混合其色阶来组成图像。因此，在将灰度图像转换为双色调模式的过程中，可以对色调进行编辑，产生特殊的效果。采用双色调模式主要用于印刷品制作，在使用尽量少的颜色情况下表现尽量多的颜色层次，从而降低印刷成本。色调选取如图 3-5 所示。

4. 索引颜色模式（Indexed Color）

索引颜色的图像包含近 256 种颜色，当原图像中颜色不能用 256 色表现时，会从可使用的颜色中选出最相近颜色来模拟这些颜色。索引颜色图像包含一个颜色表用来存放图像中的颜色并为这些颜色建立颜色索引。虽然索引颜色模式的图

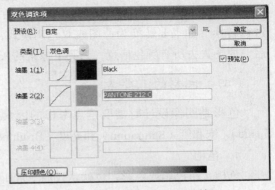

图 3-5　"双色调选项"对话框

像比原彩色图像的色彩效果较差，但它减少了图像本身的存储空间，因此该模式常用于网络传输和动画中。

5. RGB 模式

R、G、B 分别指红（Red）、绿（Green）、蓝（Blue）3 种颜色，该模式是将这 3 种基色光混合起来而形成新的色彩。其中每种颜色光的亮度分为 256 个等级（0～255），因此 3 种加起来就有 256 × 256 × 256（达 1 600 多万）种不同的色彩。如 R、G、B 分别取值 255、255、255 时为纯白色，R、G、B 分别取值 0、0、0 时为纯黑色。

6. CMYK 模式

C、M、Y、K 分别指青（Cyan）、洋红（Magenta）、黄（Yellow）、黑（blacK），该模式用于制作彩色印刷品的图像设计，分别表示 4 种油墨的颜色分量。其原理是，当光线照到有不同比例 C、M、Y、K 油墨的纸张上，这时部分光被吸收，最后反射到人眼的光所产生的颜色。同时，随着 C、M、Y、K 4 种成分的增多，反射到人眼的光会越来越少，则光线的亮度越来越低。

7. Lab 模式

Lab 模式采用一个亮度分量 L 和两个颜色分量 a 和 b 来表示颜色。用于表示亮度的 L 取值范围为 0～100，a 和 b 的取值范围为–120～120，分别表示从绿色到红色的光谱变化和从蓝色到黄色的光谱变化。该模式不依赖于具体设备，即不会产生由不同的显示器或打印设备造成颜色的差别。

Lab 模式所包含的颜色范围最广，能够包含所有的 RGB 和 CMYK 模式中的颜色。其中 CMYK 模式所包含的颜色最少。

8. 多通道（Multichannel）模式

多通道模式对有特殊打印要求的图像非常有用。例如，如果图像中只使用了一两种或两三种颜色时，使用多通道模式可以在减少印刷成本的同时保证图像颜色的正确输出。

9. 8 位/16 位通道模式

在灰度、RGB 或 CMYK 模式下，可以使用 16 位通道来代替默认的 8 位通道。默认情况，8 位通道中包含 256 个色阶，如果增到 16 位，每个通道的色阶数量为 65 536 个，这样能得到更多的色彩细节。16 位通道的图像有很多限制，所有的滤镜都不能使用，而且 16 位通道模式的图像不能被印刷。

（三）颜色模式的转换

有时根据具体的应用需求，要转换相应的颜色模式。由于不同颜色模式的原理不一样，有些

颜色在转换后会损失部分颜色信息，这就需要在转换前为其保存一个备份图像文件。

使用 Photoshop CS4 打开一幅图像后，在"图像"→"模式"子菜单下选择相应的图像模式进行转换。如果要转换为位图或双色调模式，必须先将图像转换为灰度模式。转换为灰度模式后，原图失去所有颜色信息，只剩下像素的灰度级信息。

（四）色彩的三要素

色彩是图像设计时需要重点考虑的因素，不同的色彩给人以不同的感受。色彩包含色相（Hue）、饱和度（Saturation）和亮度（Brightness）3 个要素。

1．色相

色相又叫色调或色彩，也就是我们平常所提的颜色名称，如红、绿、黄、青、紫等，也就是从物体反射或透射的传播颜色。其中色相又分为暖色调和冷色调，暖色调通常是指带黄底调的颜色，给人兴奋的感觉；而冷色调通常是指带蓝底调的颜色，给人沮丧的感觉。

2．饱和度

饱和度又叫纯度或彩度，指色彩鲜艳、饱和的程度和颜色的强度或纯度，用来表示色相中灰色分量所占比例。饱和度的比例范围为-100%～100%，其中-100%为灰色，100%为完全饱和，往往表示最深的颜色。

3．亮度

亮度又叫明度，是指色彩的深浅或明暗程度。取值范围从-100%～100%，其中-100%最暗（亮度最小），100%最亮（亮度最大）。比如向一种色相中加入白色，亮度提高，图像颜色变浅，随着加入的白色增加，颜色就越浅，亮度也就越高，白色本身就是明度最高的颜色。向一种色相中加入黑色，亮度降低，图像就会变深，加入的黑色越多，亮度就越低，颜色就越深。

三、任务实施

（1）使用 Photoshop CS4 打开图像"素材 1"。

（2）选择"图像"→"模式"→"灰度"命令，将彩色图像转换为灰度模式，效果如图 3-6 所示。

（3）选择"图像"→"模式"→"双色调"命令，打开"双色调选项"对话框，在"类型"选项中选择"双色调"，如图 3-7 所示。

图 3-6　灰度模式效果

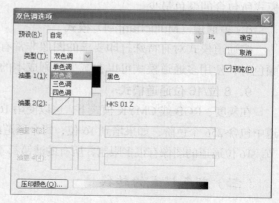

图 3-7　双色调选项

（4）选择油墨 1 为黑色，单击右边图标╱打开双色调曲线，相关设置如图 3-8 所示。

（5）单击油墨 2 颜色图标，打开"颜色库"对话框，色库选择及相关设置如图 3-9 所示。

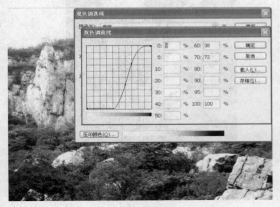

图 3-8　油墨 1 双色调曲线设置

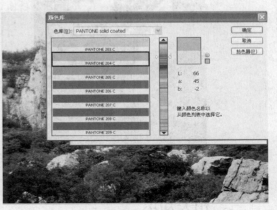

图 3-9　油墨 2 色库选择

（6）单击油墨 2 中的"双色调曲线"图标╱，打开"双色调曲线"对话框，相关设置如图 3-10 所示。

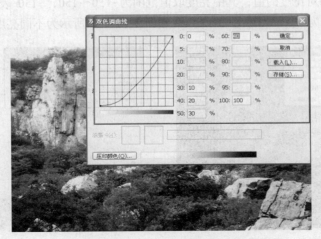

图 3-10　油墨 2 双色调曲线设置

（7）单击"确定"按钮，操作完成，效果如图 3-1（b）所示。

任务二　制作秋景图

一、任务分析

本任务将图像转换为秋天的景色效果，前后对比如图 3-11（a）和图 3-11（b）所示。主要运用"图像"→"调整"菜单下的相关命令完成特殊图像效果的处理，虽然操作步骤相对简单，但要能达到预期的最佳效果，则需要对这些命令及相关参数深刻理解和灵活运用。

图 3-11（a） 原图   图 3-11（b） 秋景图

二、相关知识

1．亮度/对比度

选择"图像"→"调整"→"亮度/对比度"命令，弹出"亮度/对比度"对话框。在对话框中可分别设置亮度和对比度的值，其中亮度取值范围为-150～150，-150 表示最暗，150 表示最亮；对比度取值范围为-50～100。图 3-12（a）和图 3-12（b）所示为不同亮度和对比度的效果图。

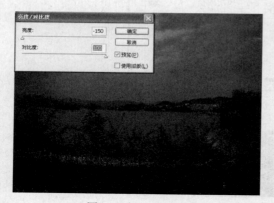 

图 3-12（a） 低亮度   图 3-12（b） 高亮度

2．色阶

色阶主要用来调整色调范围和色彩平衡，用于方便地修正图像在明暗度和对比度方面的缺陷。

选择"图像"→"调整"→"色阶"命令（或按【Ctrl+L】组合键），弹出"色阶"对话框，在不同的图像模式下，"色阶"对话框中的设置是不一样的。

（1）在 RGB 模式下"色阶"对话框如图 3-13（a）所示。其中在"预设"选项中可以选择默认值、较暗、增加对比度、较亮、中间调较亮、中间调较暗、自定等多个选项来设定色阶，如图 3-13（b）所示。不同选项会给出事先设定的输入色阶值。在"自定"中也可以根据需要设定特定的色阶值，在"通道"下拉列表中也可以单独设置 RGB、红、绿、蓝不同通道的色阶值，如图 3-13（c）所示。在对话框的最下方拖动色条下的滑块修改输出色阶值。

（2）在 CMYK 模式下"色阶"对话框中的通道选择与 RGB 模式不同，"通道"下拉列表中包括

CMYK、青色、洋红、黄色、黑色5个选项，可分别单独设置不同分量的色阶值，如图3-13（d）所示。

（3）在 Lab 模式下"色阶"对话框中的通道选择与 RGB 和 CMYK 模式不同，"通道"下拉列表中包括明度、a、b 3 个选项，可分别单独设置不同分量的色阶值，如图3-13（e）所示。

（4）在多通道模式下"色阶"对话框中的通道只有 Alpha 1 一个选项，设置如图3-13（f）所示。

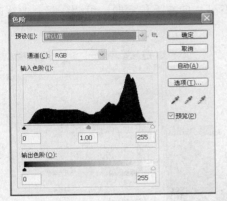

图 3-13（a） RGB 模式下"色阶"对话框

图 3-13（b） 设定色阶

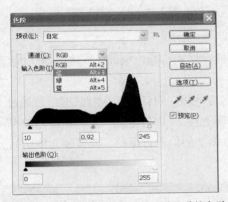

图 3-13（c） RGB 模式下设置不同通道的色阶值

图 3-13（d） CMYK 模式下设置不同通道的色阶值

图 3-13（e） Lab 模式下设置不同通道的色阶值

图 3-13（f） 多通道模式下设置不同通道的色阶值

3．曲线

曲线是一种使用比较广泛的色调调整方法，用于调整整个图像的色调范围。和色阶一样，曲线根据不同的颜色模式可分别精确调整个别颜色通道，不同的是色阶只能使用高光、中间调、暗光 3 个变量进行调整，而曲线可调整 0～255 中任意点的值。

选择"图像"→"调整"→"曲线"命令（或按快捷键【Ctrl+M】），RGB 模式下的"曲线"对话框如图 3-14（a）所示。在"曲线"对话框的"输入"、"输出"文本框中可直接输入 0～255 的值，也可用鼠标左键（鼠标指针放在曲线上鼠标指针变成"+"字箭头）拖动对话框中的曲线来改变输入、输出值。当曲线向左上角弯曲时，色调变亮；向右下角弯曲，色调变暗。曲线改变前后分别如图 3-14（a）和图 3-14（b）所示。

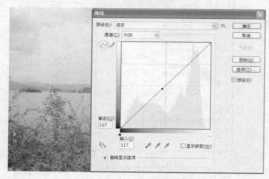

图 3-14（a） 曲线调整前

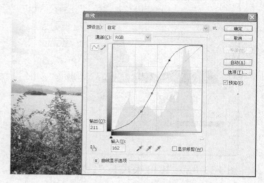

图 3-14（b） 曲线调整后

4．曝光度

曝光度主要用于调整 HDR 图像的色调。曝光度是通过在现行颜色空间（灰度系数 1.0）而不是在图像当前颜色空间执行计算而得出的。

选择"图像"→"调整"→"曝光度"命令，打开"曝光度"对话框，在对话框中可通过"预设"选项的下拉列表选择预设效果，也可以直接改变"曝光度"（取值范围-20～20）、"位移"（取值范围-0.5～0.5）、"灰度系数校正"（取值范围 9.99～0.01）的值进行调整。调整曝光度前后分别如图 3-15（a）和图 3-15（b）所示。

图 3-15（a） 曝光度调整前

图 3-15（b） 曝光度调整后

5．自然饱和度

自然饱和度是 Photoshop CS4 中新增的一项功能，用于调整图像色彩，适合于修饰人物的肤色。自然饱和度的特点是，在调整时会大幅增加不饱和像素的饱和度，而对已经饱和的像素只做较少的调整，这样会在调节图像饱和度的时候保护已经饱和的像素，结果是在增加图像某一部分的色彩的同时，使整幅图像饱和度趋于正常值。

饱和度和下面要进行讲解的色相/饱和度是增加整个画面的饱和度，会使图像有的部分过于饱和，造成图像的失真。

选择"图像"→"调整"→"自然饱和度"命令，打开"自然饱和度"对话框。在"自然饱和度"对话框中，"自然饱和度"和"饱和度"的取值范围都是-100～100，可以直接在右边的文本框中输入数值，也可以拖动下面的滑块改变数值。图3-16（a）和图3-16（b）所示分别是"自然饱和度"为50和"饱和度"为50的效果，在图3-16（b）图中当"饱和度"为50时，下面的植物就显得过度饱和了。

图3-16（a）　自然饱和度为50

图3-16（b）　饱和度为50

6．色相/饱和度

色相、饱和度和明度的相关概念在本任务前面已经讲解，"色相/饱和度"命令用于调整图像或单个颜色成分的色相、饱和度和明度值。

选择"图像"→"调整"→"色相/饱和度"命令（或按快捷键【Ctrl+U】），打开"色相/饱和度"对话框，如图3-17（a）所示。

在"预设"选项中，可直接选择多种针对常用效果已设置好的值，如图3-17（b）所示；也可对全图或单个颜色进行相关设置，如图3-17（c）所示。对于下面的"色相"、"饱和度"、"明度"选项，既可在后边的文本框中直接输入值，也可拖动滑块改变其值大小。

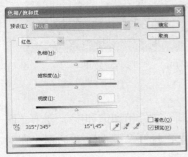

图3-17（a）　"色相/饱和度"对话框

图3-17（b）　已设置好的值

图3-17（c）　单个颜色设置

在"色相/饱和度"对话框中，单击下方的图标，在图像上拖动修改饱和度，同时按住【Ctrl】键则修改色相。也可使用吸管工具、添加到取样和从取样中减去进行选择。图3-18（a）和图3-18（b）所示分别为使用工具修改前后的效果比较。

图 3-18（a） 修改前   图 3-18（b） 修改后

7. 色彩平衡

色彩平衡用于对图像的色彩调整。选择"图像"→"调整"→"色彩平衡"命令（或按快捷键【Ctrl+B】），打开"色彩平衡"对话框，如图 3-19（a）所示。在对话框中分为"色彩平衡"和"色调平衡"两部分。

"色彩平衡"栏中包含青色到红色、洋红到绿色和黄色到蓝色 3 个色条选择色阶，也可在"色阶"后面的文本框中直接输入相关值调整，取值范围都是从−100～100。

在"色调平衡"栏中，可从"阴影"、"中间调"、"高光"中选择一项平衡效果，也可对是否保持透明度进行选择。

图 3-19（b）所示为设置色彩平衡后的效果。

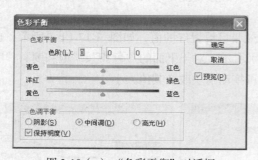

图 3-19（a） "色彩平衡"对话框   图 3-19（b） 色彩平衡效果

8. 黑白

"黑白"命令将图像转换为灰度效果，并可在上面添加某些色调（如色相和饱和度）。选择"图像"→"调整"→"黑白"命令（或按快捷键【Alt+Shift+Ctrl+B】），打开"黑白"对话框。在对话框中的"预设"下拉列表中可选择预设效果，如图 3-20（a）所示。

同时修改色相和饱和度后的效果如图 3-20（b）所示。

9. 照片滤镜

照片滤镜就是模仿相机在镜头前加滤镜控制曝光，用于调节色彩平衡和冷暖色调。选择"图像"→"调整"→"照片滤镜"命令，打开"照片滤镜"对话框，如图 3-21（a）所示。其中，在"使用"栏中可选择各种滤镜效果或颜色效果，在下方的"浓度"项中可添加效果的浓度值，修改后的效果如图 3-21（b）所示。

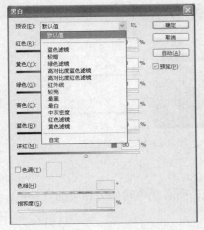

图 3-20（a） 预设选择

图 3-20（b） 修改色相和饱和度后的效果

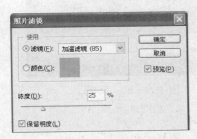

图 3-21（a） "照片滤镜"对话框

图 3-21（b） 照片滤镜效果

10. 通道混合器

通道混合器可以调整某一通道中的颜面成分，达到修改图像颜色的目的。选择"图像"→"调整"→"通道混合器"命令，打开"通道混合器"对话框，如图 3-22 所示。

其中，"预设"用于选择预设好的通道混合器调整颜色，可以从下拉列表中选择。"输出通道"用于指定要调整的通道，与具体的颜色模式相关，如 RGB 模式下则显示红、绿、蓝 3 项。"源通道"用于调整颜色在图像中的成分，既可以拖动滑块改变，也可直接在输入框中填入相应的值，取值在-200%～200%之间。"常数"用于改变上面指定通道的不透明度，负数颜色偏黑，正数颜色偏白。选中"单色"复选框就会将图像转换为灰度图像。

图 3-22 "通道混合器"对话框

使用通道混合器调整前后的图片效果如图 3-23（a）和图 3-23（b）所示。

图 3-23（a） 修改前　　　　　　　　　　　　图 3-23（b） 修改后

11．反相

反相将所有黑色值变为白色值，所有白色值变为黑色值，所有颜色转变为相应的互补色，即将它变为原图像的负片。

选择"图像"→"调整"→"反相"命令执行反相操作。可以用选择工具选取部分选区反相，也可以将整个图像反相。反相前后对比如图 3-24（a）和图 3-24（b）所示。

图 3-24（a） 反相前　　　　　　　　　　　　图 3-24（b） 反相后

12．阈值

阈值用于将彩色或灰度图像转换为高对比度的黑白图像。选择"图像"→"调整"→"阈值"命令，打开"阈值"对话框，在对话框中可通过阈值色阶输入框或下面的滑块设定相应的数值，取值范围为 1～255。色阶阈值的值是黑白像素之间的分界线，即所有比该值小的变为黑色，所有比该值大的变为白色。调整阈值前后效果对比如图 3-25（a）和图 3-25（b）所示。

图 3-25（a） 阈值调整前　　　　　　　　　图 3-25（b） 阈值调整后

13. 阴影/高光

阴影/高光主要用于修正离相机闪光较近而产生的褪色发白的图片，适合纠正严重逆光但具有轮廓的图片。

选择"图像"→"调整"→"阴影/高光"命令，打开"阴影/高光"对话框，在对话框中勾选左下角的 □ 显示更多选项(O) 将对话框全部展开。

其中"阴影"用来调整图像中阴影区域，通过修改"数量"、"色调宽度"和"半径"3 个参数，可将图像暗部区域的明度提高且不影响图像中高光区域亮度。"高光"用于调整图像中的高光区域，通过修改"数量"、"色调宽度"和"半径"3 个参数，将图像高光区域的明度降低且不影响暗部区域的明度。"调整"用于设置图像的中间色调区域，对图像色彩校正，调整图像中间调的对比度。参数设置及前后效果对比如图 3-26（a）、图 3-26（b）和图 3-26（c）所示。

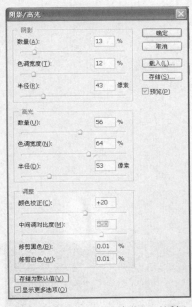

图 3-26（a）　"阴影/高光"对话框

图 3-26（b）　修改前

图 3-26（c）　修改后

三、任务实施

（1）使用 Photoshop CS4 打开背景图片，如图 3-27 所示。

（2）复制背景图层作为备份。

（3）选择"图像"→"调整"→"通道混合器"命令，打开"通道混合器"对话框，选择"输出通道"为"红"，在"源通道"中，红通道调整为−70%，绿通道调整为 200%，蓝通道调整为−30%，如图 3-28 所示。

（4）在"图层"面板中将"图层混合模式"改为"变亮"，结果如图 3-11（b）所示。

图 3-27　打开原图

图 3-28   通道混合器参数设置

实训项目

实训项目 1   制作灰旧老照片效果

1．实训的目的与要求

学会使用图像的调整功能，熟练制作灰旧老照片效果。

2．实训内容

使用所给素材图 3-29（a），制作出图 3-29（b）所示的图片。

图 3-29（a） 处理前图像

图 3-29（b） 处理后图像效果

实训项目 2   制作调整曝光不足的照片

1．实训的目的与要求

学会使用图像的调整功能，熟练调整曝光不足的照片。

2．实训内容

使用所给素材图 3-30（a），制作出图 3-30（b）所示的图片。

图 3-30（a）　处理前图像效果

图 3-30（b）　处理后图像效果

项目总结

　　本项目涉及图像的模式和图像调整的相关概念，通过本项目的学习，要求掌握图像的位图、灰度、双色调、RGB、CMYK 和多通道等图像模式的转换，掌握亮度/对比度、色阶、曲线、曝光度、自然饱和度、色相/饱和度、色彩平衡、黑白和通道混合器等常用命令的使用。通过具体实例进行讲解，让读者有更深刻的理解。

习题

一、选择题

1. 从下面列出的选项中选择正确答案填入括号内。

（1）调整图像色阶的快捷键是（　　　）。

（2）调整图像曲线的快捷键是（　　　）。

（3）调整图像色相/饱和度的快捷键是（　　　）。

（4）调整图像色彩平衡的快捷键是（　　　）。

（5）调整图像反相的快捷键是（　　　）。

（6）调整图像去色的快捷键是（　　　）。

　　A. Ctrl+M　　　　　　B. Ctrl+L　　　　　　　C. Ctrl+B

　　D. Ctrl+U　　　　　　E. Shift+Ctrl+U　　　　F. Ctrl+I

2. （　　　）命令是模仿在相机的镜头前放置彩色滤光片来调整色彩平衡的。

　　A. 色调分离　　　　B. 照片滤镜　　　　　C. 阈值　　　　　　D. 反相

二、填空题

1. 色彩的三要素是指_____、_____和_____。

2. 常用的颜色模式有_____、_____、_____和_____。

三、简答题

1. 简述 RGB 模式的特点。

2. 简述 CMYK 模式的特点。

图像的选择

【项目目标】

通过本项目的学习，读者基本了解选择工具的使用方法，熟悉图像选择的基本方法，能够进行简单的图像合成。

【项目重点】

1. 规则选区的创建
2. 不规则选区的创建
3. 选区的调整
4. 选区的修改
5. 选区的变换
6. 存储选区和载入选区

【项目任务】

熟练掌握图像选择的方法，学会制作可爱宝宝日历以及人物剪影画。

任务一 制作可爱宝宝日历

一、任务分析

从图 4-1 所示任务我们可以看出，可爱宝宝日历的处理并不复杂，只要通过两幅图像的一定合成就可以完成制作。但是，要想实现对该日历的制作，需要对其中的宝宝图像的部分进行选取，然后再把两个图像进行拼接，这就必须要进行选区的创建，而 Photoshop 中我们使用选择工具来创建选区。

图 4-1　可爱宝宝日历

二、相关知识

Photoshop 为我们提供了一系列工具来进行选区创建，如图 4-2 所示。

在进行选区创建的过程中，有一些选区是规则的，比如正方形、长方形、圆、椭圆、五边形、星形等，而大多数选区是不规则的，比如钥匙、鞋子等。

我们先来看看规则的选区如何创建。

图 4-2　选区创建工具

（一）规则选区的创建

矩形选框工具组

在工具箱中使用鼠标按住 ▣ 不放，将显示图 4-3 所示的工具列表，分别为矩形选框工具（M）、椭圆选框工具（M）、单行选框工具和单列选框工具。

　　（1）工具箱中，工具右侧带有一个黑色三角图标的表示该工具为工具组，其中还隐藏着多个工具。

　　（2）工具后面标示的字母就是该工具的快捷键，按此快捷键可以切换到该工具。

重复按【Shift】加此快捷键，可以在该工具组的工具间进行切换。

（1）矩形选框工具的使用。

以创建矩形选区为例，来看看矩形选框工具组的使用方法。具体操作如下。

① 打开一幅需要进行矩形选取的图像，单击工具箱中的矩形选框工具，在菜单栏的下方就会出现其工具属性栏，如图 4-4 所示。

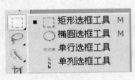

图 4-3　矩形选框工具组

图 4-4　"矩形选框工具"属性栏

其中，▣▣▣▣ 这 4 个图标用于在已经存在选区的情况下继续进行选区的选择。▣ 表示创建新选区，而原来已经存在的选区将消失；▣ 表示创建的选区将添加到原有选区上，两个选区将合并；▣ 表示将从原有选区中减去新创建的选区；▣ 表示将创建的选区与原有选区的交叉部分作为新的选区。

羽化：0 px 用于设置选区的羽化效果，也就是通过创建选区边框内外像素的过渡来使选区边缘模糊，羽化值设置得越大，选区的边缘就越模糊，则选区的直角处就越圆滑。

② 将鼠标指针移到图像中要选取的区域，按住鼠标左键不放，拖出所需选择区域的虚线框，释放鼠标，即可创建一个矩形选区，如图 4-5 所示。

（1）使用矩形选框工具（椭圆选框工具与矩形选框工具的使用方法完全相同，这里不再赘述）时，按住【Shift】键不放，可以创建正方形；按住【Alt】键不放，可以从中心点画矩形。

（2）样式：用于设置选区的形状。其中，"正常"是系统的默认形状，可以创建各种不同大小形状的选区；"固定比例"用于设置选区高度和宽度之间的比例，可以在属性栏"宽度"和"高度"文本框中输入数值进行设置；"固定大小"用于锁定选区的大小，可以在"宽度"和"高度"文本框中输入数值来确定选区的大小。

（2）单行选框工具和单列选框工具的使用。

当我们需要创建单行或者单列选区时，可以使用单行选框工具和单列选框工具，它们的属性栏与前面介绍的矩形选框与椭圆选框工具属性栏的参数选项内容相同。我们只需要选择工具组中的单行选框工具或者单列选框工具，在图像中单击（不需要拖动），就可以得到单行或单列选区，效果如图 4-6 所示。

图 4-5　创建矩形选区　　　　　　　　　　图 4-6　创建单行选区及单列选区

（二）不规则选区的创建

在我们所需选择的区域中，其实多数的区域并不是规则的，它们大多形状多变，不能简单地以矩形、圆形等来选择，这个时候就需要用到不规则的选取工具。

1. 套索工具组

在工具箱中使用鼠标按住 ⌀ 不放，将显示图 4-7 所示的工具列表，分别为套索工具（L）、多边形套索工具（L）和磁性套索工具（L）。

（1）套索工具的使用。

当所需选择的内容不规则时，可以使用套索工具，在所需选择的图像中按住鼠标左键不放拖动鼠标，直到选择完所需区域，松开鼠标左键，则完成操作，如图 4-8 所示。

（2）多边形套索工具的使用。

有时候，我们所需要选择的内容其实看起来是有规则的，但是却又不能以矩形或者圆形来概括，比如星形、三角形等，这时可以使用多边形套索工具。多边形套索工具可以用来选取边界多为直线或者边界曲折的复杂图形。

使用多边形套索工具的具体操作如下。

图 4-7 套索工具组　　　　　　　图 4-8 套索工具

① 打开一幅需要进行选取的图像，单击工具箱中的多边形套索工具。

② 将鼠标指针移到图像中要选取的边界位置上并单击，松开左键后沿着要选取的图像区域移动鼠标，在多边形的转角处单击作为多边形的另一个顶点，如图 4-9 所示，重复上述步骤，直到回到起始点。

③ 当回到起始点时，鼠标指针的右下角会出现一个小圆圈，如图 4-10 所示，这时单击鼠标左键封闭选区，完成选取。

图 4-9 多边形套索　　　　　　　　图 4-10 回到起始点完成选取

> 使用多边形套索工具时，按住【Shift】键，可以按水平、垂直或者 45°方向选取线段；按【Delete】键，可以删除最近选取的一条线段。

（3）磁性套索工具的使用。

磁性套索工具适用于选择与背景对比强烈并且边缘复杂的图像内容，它可以自动捕捉图像中对比度较大的两部分的边界，从而快速、准确地选取复杂的区域。

以选取油菜花为例，来看看磁性套索工具的使用方法。具体操作如下。

① 打开需要进行选取的油菜花图像，单击工具箱中的磁性套索工具，在菜单栏的下方就会出现其工具属性栏，如图 4-11 所示。

图 4-11 "磁性套索工具"属性栏

宽度：取值范围在 1～256 之间，用于设置选取时能够检测到的边缘宽度。磁性套索工具只检测从鼠标指针到所指定的宽度距离范围内的边缘，然后在视图中绘制选区。

> 按下【Caps Lock】键将鼠标指针更改为圆形，圆形的大小就是磁性套索工具探查的范围；在创建选区时，可以按【] 】键将磁性套索边缘宽度增大 1 个像素，按【 [】键将宽度减小 1 个像素。

对比度：取值范围在 1%～100%之间，可以设置磁性套索工具检测边缘图像的灵敏度。如果要选取的图像与周围的图像之间的颜色差异比较明显（对比度较强），那么就应设置一个较高的百分数值；反之，对于图像较为模糊的边缘，应输入一个较低的边缘对比度百分数值。

频率：取值范围在 0～100 之间，可以设置在选取时关键点创建的速率。设定的数值越大，标记关键点的速率越快，标记的关键点就越多；反之，设定的数值越小，标记关键点的速率越慢，标记的关键点就越少。当查找的边缘较复杂时，需要较多的关键点来确定边缘的准确性，可采用较大的频率值；当查找的边缘较光滑时，就不需要太多的关键点来确定边缘的准确性，可采用较小的频率值。

：光笔压力，用于设置笔刷的压力，只有安装了绘图板及其驱动程序后才可以使用。选中了该选项时，增大光笔压力将导致边缘宽度减小。

② 将鼠标指针移动到图像中需要选择的区域的起始位置处，单击鼠标左键标明起始点，然后松开左键拖动鼠标，选择轨迹就会紧贴图像内容自动附着在图像周围，并且每隔一段距离（取决于频率设置的大小）产生一个方形的关键点，如图 4-12 所示。

图 4-12　磁性套索工具

（1）操作过程中，按下【Delete】键，可以删除最近一个关键点。

（2）操作过程中，按下【Alt】键进行拖动，可以切换成套索工具；按下【Alt】键单击，可以切换成多边形套索工具。多种工具结合使用，可以更方便地进行任意形状的选择。

③ 如果边框没有与所需的边缘对齐，可以单击鼠标左键以手动添加一个关键点。继续跟踪边缘并根据需要添加紧固点，直到回到起始点，当鼠标指针右下角出现一个小圆圈后，单击鼠标左键闭合选区，完成选取。

2．魔棒工具和快速选择工具组

在工具箱中使用鼠标按住不放，将显示图 4-13 所示的工具列表，分别为快速选择工具（W）和魔棒工具（W）。

（1）魔棒工具的使用。

图 4-13　快速选择和魔棒工具组

使用魔棒工具可以选择图像中颜色相同或者相近的区域。当我们需要进行选择的区域颜色很相近时，可以使用这个工具，只要用鼠标单击需要选取的区域中的任意一点，临近区域中与它颜色相同或者相似的区域就自动被选取，如图 4-14 所示。

图 4-14　魔棒工具的使用

魔棒工具的属性栏如图 4-15 所示。

图 4-15 "魔棒工具"属性栏

容差：取值范围在 0～255 之间，用于设置选取的颜色相近的程度，默认值为 32。输入的数值越大，选取的颜色范围就越大；反之，值越小，选取的颜色就越接近。

消除锯齿：选中它可以消除边缘的锯齿。

连续：选中该复选框时，只选择与单击处相邻的颜色相近区域；不选该选项，可以将不相邻的区域也纳入到选区中。

对所有图层取样：这个选项适用于具有多个图层的图像文件，不选择该选项时，魔棒工具只对当前图层起作用；选择该选项时，魔棒工具对图像中所有的图层都起作用。

（2）快速选择工具的使用。

快速选择工具 是 Photoshop CS3 开始新增的工具，可以用于多种情况下选区的创建，这是一种基于色彩差别但却是用画笔智能查找主体边缘的新颖方法，利用可调整的圆形画笔笔尖快速"绘制"选区。

在工具栏里单击快速选择工具，选择合适大小的画笔，在需要选择的图像区域内按住画笔并稍加拖动，选区会向外扩展并自动查找和跟随图像中定义的边缘，如图 4-16 所示。

图 4-16 快速选择工具

快速选择工具的属性栏如图 4-17 所示。

图 4-17 "快速选择工具"属性栏

：新选区，这是在未选择任何选区的情况下的默认选项。创建初始选区后，此选项将自动更改为 。

：添加到选区，新创建的选区将添加到已有选区内。

：从选区减去，新创建的选区将从已有选区中减去。

画笔：可以更改快速选择工具的画笔笔尖大小，单击属性栏中的"画笔"菜单，在弹出菜单选项中可以对画笔笔尖的直径、硬度、间距等进行调整。

> 在建立选区时，按右方括号键【] 】可增大快速选择工具画笔笔尖的大小，按左方括号键【 [】可减小快速选择工具画笔笔尖的大小。

自动增强：选中该复选框，将减少选区边界的粗糙度和块效应。

3. 使用"色彩范围"命令创建复杂选区

使用"选择"菜单中的"色彩范围"命令可以让我们按特定的颜色范围对图像进行选取，从而获取到复杂的选区，这是一种特殊的选区创建方式。

选取的操作步骤如下。

（1）选择"选择"→"色彩范围"命令，弹出"色彩范围"对话框，如图 4-18 所示。

图 4-18　"色彩范围"对话框

"色彩范围"对话框中的选项及参数如下。

选择(C)：：在此列表框中可以选择所需的色彩范围。其中，"取样颜色"表示将使用吸管工具在图像窗口或预览窗口选取的颜色作为选区；其他的颜色选项表示将选取图像中此种颜色相应的色彩范围；"溢色"表示可以选取某些无法印刷的颜色范围。

□本地化颜色簇(Z)：以选择像素为中心向外扩散的调整方式，不是对图片中的整个区域的影响。

颜色容差(F)：：这里的容差与魔棒工具中的作用相似，用于控制选区的大小，可以通过滑动滑块或者输入数值来进行容差值的设置，容差越小，能够选择的范围就越小，反之，范围就越大。

⊙选择范围(E)：选择这个选项，则表示在预览窗口内显示的白色区域为选区范围的预览图像。

○图像(M)：选择这个选项，则表示预览窗口显示的是整个图像。

选区预览(T)：：可以选择选区的预览方式。其中，"无"表示不在图像窗口显示预览效果；"灰度"表示用灰色调显示没有被选中的区域；"黑色杂边"表示用黑色显示没有被选中的区域；"白色杂边"表示用白色显示没有被选中的区域；"快速蒙版"表示用预先设置好的蒙版颜色显示没有被选中的区域，如图 4-19 所示。

图 4-19　灰度、白色杂边、黑色杂边和快速蒙版方式选区预览效果

☐反相(I)：用于在选取区域与没有被选取区域之间进行切换。

✐ ✐ ✐：用于对图像颜色进行选择。其中，使用✐，当第二次进行选择时，第一次的选区将被取消；✐用于多次选择时增加选择的区域；✐用于多次选择时减少选择区域。

（2）设置对话框中的参数选项，对图像进行区域选择。本例中我们设置选择"取样颜色"，"颜色容差"为 40，单击图像中的油菜花黄色区域，得到选区，如图 4-20 所示。

图 4-20 选取最终结果

三、任务实施

学习了使用选择工具进行选区选择的相关知识，下面我们开始制作"可爱宝宝日历"。

（1）选择"文件"→"打开"命令（或者双击背景的灰色空白处），打开所需制作的可爱宝宝文件，如图 4-21 所示。

（2）选择工具箱中的矩形选框工具，在所需选择的区域拖出一个虚线框，如图 4-22 所示。

图 4-21 打开文件

图 4-22 选取图像

（3）选择"编辑"→"拷贝"命令（或者使用【Ctrl+C】组合键）。

（4）打开所需的日历背景图片，如图 4-23 所示。

（5）选择"编辑"→"粘贴"命令（或者使用【Ctrl+V】组合键），将刚刚复制的可爱宝宝选区复制到背景图片文件中，生成新的图层，如图 4-24 所示。

图 4-23　日历背景图片

图 4-24　复制图像

（6）因为两幅图片的大小不同，所以需要对复制的图像进行大小的调整。使用【Ctrl+T】组合键进行大小的变换，在"自由变换"属性栏中选择"锁定长宽比"按钮 ，将长度和宽度调整为原来的 18%，如图 4-25 所示。

图 4-25　调整大小

（7）将缩小后的宝宝图像进行旋转，如图 4-26 所示。

（8）单击 ✓ 或者按回车键确定。

（9）把"图层 1"拖动到 ⬚ 上复制一份，生成"图层 1 副本"，如图 4-27 所示。

图 4-26　旋转图像

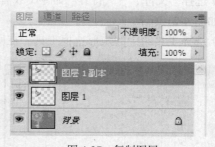

图 4-27　复制图层

（10）使用移动工具 ▸ 把"图层 1 副本"中的内容移动到图 4-28 所示位置。

（11）重复使用【Ctrl+T】组合键进行旋转和缩放，得到图 4-29 所示的效果。

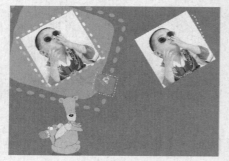

图 4-28　移动"图层 1 副本"

图 4-29　旋转和缩放

（12）重复步骤（9）～（10），再复制"图层1"一次，得到"图层1副本2"，并移动到合适位置，如图4-30所示。

（13）选择"编辑"→"变换"→"水平翻转"命令，得到图4-31所示的效果。

（14）重复使用【Ctrl+T】组合键进行旋转和缩放，得到图4-32所示的效果。

（15）使用文字工具在图片的下方位置使用不同的字体和字号写上月份和日期，就得到了图4-1所示的可爱宝宝日历。

图4-30　复制图层并移动

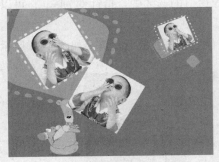

图4-31　水平翻转

图4-32　旋转和缩放

任务二　制作人物剪影画

一、任务分析

从图4-33所示任务我们可以看出，制作人物剪影需要对人物轮廓进行选取，再对选取的轮廓进行缩放、变换等一系列操作，以生成剪影效果，这就需要对选取的选区进行编辑修改。

图4-33　人物剪影画

二、相关知识

选中的选区很少能够直接使用，大多数都要进行一些处理，比如变换大小、旋转、移动等，下面我们来看看如何对选中的选区进行编辑处理。

（一）选区的调整

无论使用哪种选择工具，都可以进行下列操作。

1. 移动选区

选择任意一个选择工具，将鼠标指针移动到图像窗口的选区中，指针变为 ，可以使用以下几种方法进行选区的移动操作。

● 拖曳鼠标：按住鼠标左键不放，拖动到所需位置，松开鼠标左键，如图 4-34 所示。

图 4-34　移动选区

● 使用键盘上的方向键：可以沿箭头所指方向移动 1 个像素。
● 使用【Shift】+方向键：可以沿箭头所指方向移动 10 个像素。

　如果在选取选区的过程中想移动正在绘制的选区的位置，可以在松开鼠标前按下空格键并移动鼠标位置来移动选区位置。

2. 增减选区

当选择了一个选区之后，有时候并不能满足我们的实际需求，需要对选区进行适当的增加或者减少，这时可以使用前面提到的选框工具属性栏中的 4 个按钮来进行选区的增减，也可以使用快捷键进行操作。

（1）增加选区——使用【Shift】键。

选中选择工具后，按下【Shift】键，鼠标指针旁会出现"+"，这时使用选择工具进行选取，可以增加选择的区域，如图 4-35 所示。

图 4-35　增加选区

（2）减少选区——使用【Alt】键。

选中选择工具后，按下【Alt】键，鼠标指针旁会出现"–"，这时使用选择工具进行选取，可以减少选择的区域，如图 4-36 所示。

图 4-36 减少选区

（3）得到交叉的选区——使用【Alt+Shift】组合键。

选中选择工具后，按下【Alt+Shift】组合键，鼠标指针旁会出现"×"，这时使用选择工具进行选取，可以得到两个选区的重叠部分，如图 4-37 所示。

图 4-37 得到交叉的选区

（4）取消选择。

取消选择常用以下几种方法。

- 选择"选择"→"取消选择"命令。
- 按【Ctrl+D】组合键。
- 选中矩形选框或椭圆选框工具，在选择 的情况下，在图像窗口中单击鼠标左键。

（5）全部选择与反向选择。

- 全部选择：选择"选择"→"全部"命令或者使用【Ctrl+A】组合键
- 反向选择：选择"选择"→"反向"命令或者使用【Shift+Ctrl+I】组合键

（6）扩大选区与选取相似。

这两个命令都在"选择"菜单中，它们都根据魔棒工具设置的容差值来进行处理。

"扩大选区"命令根据魔棒工具设置的容差值在连续的范围内扩大选择区域，"选取相似"命令根据魔棒工具设置的容差值在全图像范围中扩大选择区域，如图 4-38 所示。

图 4-38 选区、扩大选区与选取相似的效果

（二）选区的修改

"选择"菜单下的"修改"命令中，有 5 个二级菜单命令，它们用来进行选区的修改，如图 4-39 所示，分别为边界、平滑、扩展、收缩和羽化。

1．边界

选择"选择"→"修改"→"边界"命令，在弹出的"边界选区"对话框中输入边界的宽度（范围在 1～200 之间），就会在选区周围产生一条所设置宽度的选择带，如图 4-40 所示。

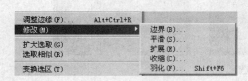

图 4-39　修改菜单　　　　　　　　　图 4-40　"边界选区"对话框及边界效果

2．平滑

选择"选择"→"修改"→"平滑"命令，可以打开"平滑选区"对话框，在"取样半径"文本框中输入 1～100 之间的整数，可以使原选区变得平滑。

图 4-41 所示为"取样半径"设置为 10 像素星形选区平滑以后的效果。

3．扩展与收缩

使用"扩展"或者"收缩"命令可以使选区以我们设置的扩展量或收缩量将选区放大或缩小，效果如图 4-42 所示。

图 4-41　平滑选区　　　　　　　　　图 4-42　扩展与收缩选区

4．羽化

当我们把从一幅图像中选择的一部分内容插入到另一幅图像中进行图像合成时，有时候会显得比较生硬、不自然。这种情况下，羽化选区是非常有用的，它可以使选区边缘柔和地过渡到背景中，这样合成后的图像显得更自然。

羽化的方法有以下两种。

（1）在使用选择工具时，在选择选区之前先在属性栏中设置好羽化值。

（2）先进行选区的选择，然后使用"选择"→"修改"→"羽化"命令，在打开的"羽化选区"对话框中设置羽化半径来进行羽化处理。一般使用这种方法比较好，可以方便进行修改。

图 4-43 所示为未设置羽化和进行了羽化处理之后的效果对比。

图 4-43　羽化效果对比

（三）选区的变换

创建选区之后，选择"选择"→"变换选区"命令，可以对选区进行形状和方向上的变换。以星形选区为例，看看如何实现选区的变换，具体操作如下。

（1）在打开的图像中，选择多边形套索工具，创建一个五角星形选区。

（2）选择"选择"→"变换选区"命令，效果如图4-44所示。

（3）将鼠标指针移动到选区的任意一个控点上，当鼠标指针变成双向箭头时，可以调整选区的大小，如图4-45所示。

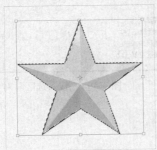　　　　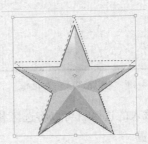

图4-44　变换选区　　　　　　　　　　图4-45　缩放选区

（4）将鼠标指针移动到选区外面，当鼠标指针变为弧形双向箭头时，可以使选区按照顺时针或者逆时针方向旋转，如图4-46所示。

（5）在选择了"变换选区"命令之后，如果选择"编辑"菜单下"变换"二级菜单中的命令，还可以对选区进行斜切、扭曲、透视和变形操作，变形效果如图4-47所示。

　　　　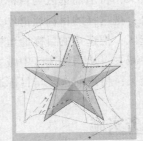

图4-46　旋转选区　　　　　　　　　　图4-47　变形操作

（6）变换结束后，可以按回车键或者单击工具属性栏中的✔应用变换，如果不满意，可以按【Esc】键或者单击工具属性栏中的⊘取消变换，保持选区原状。

（1）变换选区操作只是对选区进行变换，并不会对选区内的图像产生影响。
（2）也可以选择在变换选区工具属性栏中输入数值进行变换选区操作。

（四）存储和载入选区

对于已经创建完成的选区，如果在后面的操作过程中还需要使用，建议将其进行保存，当需要再使用时，可以通过载入选区的方法将存储的选区载入到图像中。

1．存储选区

选择"选择"→"存储选区"命令，可以打开图4-48所示的对话框。

在"名称"文本框中输入需要保存的选区名称就可以将此选区保存。

2．载入选区

选择"选择"→"载入选区"命令，可以打开图4-49所示的对话框。

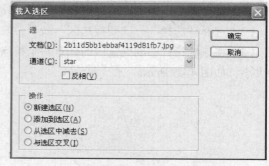

图 4-48 "存储选区"对话框   图 4-49 "载入选区"对话框

选择需要载入的选区就可以将选区载入到图像中。

3．参数设置

从图 4-48 和图 4-49 中我们可以看出，在这两个对话框中，操作选项内容相似，都为单选项，其含义如下。

新建通道：为当前选区建立新的目标通道。

添加到通道：把当前选区添加到选择的目标通道中。

从通道中减去：从选择的目标通道中减去当前选区。

与通道交叉：将当前选区与目标通道的重叠部分作为目标通道。

新建选区：把选择的目标通道作为选区载入。

添加到选区：把选择的目标通道中的内容添加到当前选区中作为选区载入。

从选区中减去：从当前选区中减去选择的目标通道的内容作为选区载入。

与选区交叉：将当前选区与目标通道的重叠部分作为选区载入。

三、任务实施

学习了选区编辑的相关知识，下面我们开始制作"人物剪影画"。

（1）设置背景色为黑色，选择"文件"→"新建"命令，新建图 4-50 所示文档。

（2）打开美女侧面图像，如图 4-51 所示。

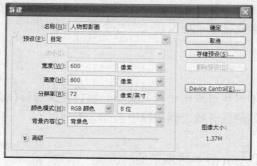

图 4-50　新建文档

图 4-51　打开图像

（3）使用魔棒工具，容差值使用默认值，选择"连续"选项，在图像背景右侧空白处单击，创建选区，如图 4-52 所示。

（4）按住【Shift】键，继续使用魔棒工具在背景左侧空白处单击，增加选区，如图 4-53 所示。

（5）选择"选择"→"反向"命令或者使用【Shift+Ctrl+I】组合键进行反向选择，从而得到人物选区。然后将鼠标指针移动到选区内，当指针变成 ▶ 之后，将选区拖动到新建的人物剪影画中，如图 4-54 所示。

图 4-52　使用魔棒单击之后效果　图 4-53　选取整个背景图像　　　图 4-54　拖动选区

> 小技巧　　　在选项卡标签中拖动不方便时，可以使用"窗口"→"排列"→"平铺"命令，使两幅图在窗口中均可见。

（6）使用"选择"→"变换选区"命令，对选区的大小进行适当的调整后，移动选区到合适的位置，如图 4-55 所示。

（7）这个选区以后还会使用到，选择"选择"→"存储选区"命令将其保存，名称为"美女侧影"。

（8）打开另一幅手拿花朵的图像，按照步骤（2）～（6）中的方法选取选区，将选区移动到人物剪影画文档并进行变换，得到图 4-56 所示效果。

图 4-55　选区变换后移动到合适位置　　　　图 4-56　移动选区并变换效果

（9）选择"编辑"→"变换"→"水平翻转"命令将选区翻转，并进行适当旋转，效果如图 4-57 所示。

（10）选择"选择"→"载入选区"命令，如图 4-58 所示，载入刚才存储的美女侧影选区。

图 4-57　水平翻转并旋转后效果　　　　图 4-58　载入选区

（11）设置前景色 R、G、B 值分别为 231、200、179，添加一个图层后，使用【Alt+Delete】组合键填充选区，并使用【Ctrl+D】组合键取消选择，得到图 4-33 所示最终效果。

实训项目

实训项目 1　趣味照片合成

1．实训的目的与要求

学会使用选择工具，熟练地使用这些工具进行照片的合成。

2．实训内容

使用所给素材，制作出图 4-59 所示的照片。

图 4-59　实训项目 1

实训项目 2　制作图案

1．实训的目的与要求

学会进行选区的修改，熟练进行图案的制作。

2．实训内容

使用所学选区的知识，制作出图 4-60 所示的图案。

图 4-60　项目实训 2

项目总结

在 Photoshop 中对图像进行处理时，经常需要对图像的局部进行处理，此时就需要用到选择工具来进行选区的创建。此外，创建好选区后，有时还需要对选区进行适当的编辑。通过本项目的实践，读者可以掌握图像选区的一系列操作知识。

习题

一、选择题

1. 如果要以鼠标指针的起点为中心创建选区，需要按（　　　）键。

   A. Shift　　　　　　B. Ctrl　　　　　　　C. Alt　　　　　　　　D. Caps Lock

2. 下列（　　　）属于选择工具。

   A. 画笔　　　　　B. 图章工具　　　　　C. 矩形选框工具　　　　D. 吸管工具

3. 选择"选择"菜单下的（　　　）命令可以进行选区大小的调整。

   A. 存储选区　　B. 反选　　　　　　　C. 变换选区　　　　　　D. 羽化

4. 按（　　　）组合键可以执行全部选择。

   A. Ctrl+A　　　　B. Ctrl+C　　　　　　C. Ctrl+X　　　　　　D. Ctrl+D

二、填空题

1. 在已有选区情况下，按＿＿＿＿＿＿＿＿＿＿键可以添加选区。

2. 按＿＿＿＿＿＿＿＿组合键可以取消选择。

3. ＿＿＿＿＿＿＿＿＿＿工具可以建立宽度为 1 像素的行选区。

4. ＿＿＿＿＿＿＿＿＿＿工具可以选择颜色相同或相近的选区。

三、问答题

1. 怎样变换选区？

2. 怎样使用魔棒工具选择选区？

項 目 五

图像的绘制与修饰

【项目目标】

通过本章的学习，读者了解画笔的设置、工具箱中提供的绘图工具、图像修饰工具的使用方法。掌握绘图和图像修饰工具就可以绘制和编辑出各种各样的图形或图案。

【项目重点】

1. 画笔和铅笔工具
2. 绘图工具的使用
3. 图像修饰工具的使用

【项目任务】

熟练掌握图像的绘制与修饰方法，学会制作简单的几何体及创建艺术相片边框。

任务一　简单几何体的制作

一、任务分析

从图 5-1 所示任务我们可以看出，本例使用 Photoshop CS4 中的选框工具绘制图形，再用渐变工具填充其颜色。

图 5-1　圆柱体效果图

二、相关知识

Photoshop CS4 提供了多种功能强大的绘图工具、图像处理工具和修复工具，熟练地使用这些工具可以充分发挥自己的创造性，制作出效果非常漂亮的平面设计作品。在图像处理中绘制图形起着非常重要的作用，特别是在进行平面制作时更是必不可少的。使用 Photoshop CS4 可以在拾色器、"颜色"面板、"色板"面板和吸管工具中设置绘图颜色，还可以使用画笔和铅笔工具，修复工具组，仿制图章和图案图章工具，橡皮擦工具组，历史记录画笔工具组，模糊、锐化和涂抹工具以及减淡、加深和海绵工具来绘制和修饰图像，并可以绘制线条图形、箭头图形、椭圆图形、矩形图形、圆角矩形、多边形和自定义形状图形。

（一）画笔和铅笔工具

在 Photoshop CS4 中，工具箱中提供的画笔工具是图像处理过程中使用较频繁的绘制工具，对于绘图编辑工具而言，选择和使用画笔是非常重要的一部分。画笔的设定会影响到各种绘图和编辑工具的形状和大小，可以说，画笔是绘图和编辑工具中的基础性工具。使用画笔工具绘图的实质就是使用某种颜色在图像中填充颜色，其使用的颜色是前景色。在填充过程中不但可以不断调整画笔笔头的大小，还可以控制填颜色的透明度、流量和模式。使用画笔画出的是软边，而使用铅笔工具则可以绘制出硬的、有棱角的线条，它的设置与画笔工具基本相同。

1．选取画笔

用画笔工具进行绘图，首先要选取画笔工具。选取画笔的操作步骤如下。

（1）在工具箱中选择一种绘图工具，例如选择工具箱中的画笔工具 ，其工具属性栏如图 5-2 所示。

图 5-2 "画笔工具"属性栏

在画笔工具的属性栏中，各个选项的含义如下。

画笔：用于选择预设的画笔以及画笔的大小。

模式：用于选择混合模式，选择不同的模式，用喷枪工具操作的时候可以产生不同的效果。

不透明度：可以设置画笔的不透明度，不透明度越高的时候透明度就越低，所以当不透明度是 100%的时候，也就是说是完全不透明，最清晰；而当不透明度是 0 的时候，也就是说是透明度变成了 100%，就全透明看不见了。

流量：用于设置喷笔的压力，压力越大，喷色越浓。

喷枪：单击这个按钮可以选择喷枪效果。

（2）在"画笔工具"属性栏中单击"画笔"列表框右侧的下三角按钮，打开一个下拉面板，如图 5-3 所示，从中选择不同类型和大小的画笔。

设置好"画笔工具"属性栏参数后，在图像窗口中拖动鼠标即可绘制所需图形。一般使用画笔工具绘图时选择柔角画笔。

2．定义画笔

在使用 Photoshop CS4 的绘图工具时，经常会觉得其提供的画笔样式不够用。为了满足绘图的需要，除了可以使用预设好的画笔笔尖形状来绘制图形外，还可以自定义画笔，用自定义的画笔来绘制图形。自定义画笔的操作步骤如下。

（1）单击工具箱中的 工具，在工具箱中选取画笔工具。

（2）选择"窗口"→"画笔"命令或单击工具属性栏右侧的"切换画笔面板"按钮打开"画笔"面板，如图 5-4 所示。

图 5-3　选择画笔

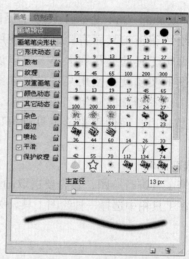

图 5-4　"画笔"面板

（3）在"画笔"面板上单击其右上角的 按钮打开"画笔"面板菜单，选择其中的"新建画笔预设"命令。

（4）打开"画笔名称"对话框，如图 5-5 所示，输入新建画笔预设的名称，单击"确定"按钮就可建立一个与所选画笔相同的新画笔。

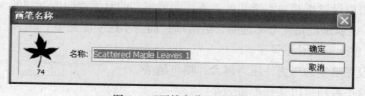

图 5-5　"画笔名称"对话框

3．画笔选项设定

不管是新建的画笔还是原有的画笔，其画笔直径、间距以及硬度等都不一定符合用户绘画的需求，用户可以根据自己的需要对已有的画笔进行设置。执行"窗口"→"画笔"命令，可以隐藏或打开"画笔"面板；也可以按下键盘上的【F5】键，或是在"画笔"工具属性栏中单击"切换画笔面板"按钮 ，打开或隐藏"画笔"面板。此面板底部的画笔描边预览可以显示使用当前画笔选项时绘画描边的外观。"画笔"面板并不是单纯针对画笔工具而设立的面板选项，只要是可以调整画笔大小的工具，都可以通过该面板设置选项。

在"画笔"面板左侧有一列选项组，单击选中一个复选框后，该复选框左侧的方框内出现对勾，并且该组的可用选项会出现在面板的右侧。

单击面板左侧的"画笔预设"选项，在这里可以选择预设画笔，还可以设置画笔的直径大小。

如果要调整其他的参数，可以在面板左侧"画笔预设"下方单击"画笔笔尖形状"选项，如图 5-6 所示，接着在右上方选中要进行设置的画笔，再在下方设置画笔的直径、硬度、间距、角度和圆度等。

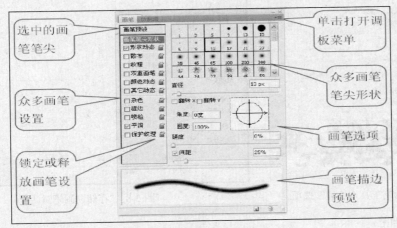

图 5-6　"画笔预设"选项

直径：定义画笔直径大小。设置时可在文本框中输入 1～2 500 像素的数值，或直接用鼠标拖动滑块调整。

硬度：定义画笔边界的柔和程度。变化范围为 0～100%，该值越小，画笔越柔和。

间距：用于控制绘制线条时，两个绘制点之间的中心距离，范围为 1%～1 000%。值为 25% 时，能绘制比较平滑的线条；值为 200% 时，绘制出的是断断续续的圆点。设置间距时，必须先选中"间距"复选框。

角度：用于设置画笔角度。设置时可在"角度"文本框中输入−180°～180°的数值来指定，或者用鼠标拖动其右侧框中的箭头进行调整。

圆度：用于控制椭圆形画笔长轴和短轴的比例。设置时可在"圆度"文本框中输入 0～100% 的数值。

除了可以设置上述的参数外，用户还可以设置画笔的其他效果。例如在"画笔"面板左侧选中"纹理"复选框，此时面板显示如图 5-7 所示，在其中用户可以设置画笔的纹理效果。此外，用户还可以设置诸如"双重画笔"、"动态颜色"、"其他动态"等复选框。

4．保存、载入、删除和复位画笔

建立新画笔后，还可以进行保存、载入、删除和重置画笔等操作。新建立的画笔被放置在"画笔"面板中，但是，如果重新安装 Photoshop 软件，新的画笔以及"画笔"面板的一些设置的属性就会消失。为了方便以后的使用，用户可以将整个"画笔"面板的设置保存起来。

（1）保存画笔。

为了防止新画笔以及"画笔"面板一些设置的属性因重装系统等原因丢失，可以将整个"画笔"面板的设置保存起来。方法是，单击"画笔"面板右上角的面板菜单按钮，从弹出的菜单中选择"存储画笔"命令，然后在弹出的"存储"对话框中输入保存的名称，如图 5-8 所示，单击"保存"按钮即可。保存后的文件格式为*.ABR。

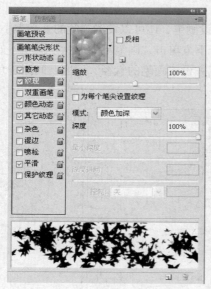

图 5-7　画笔工具"纹理"选项

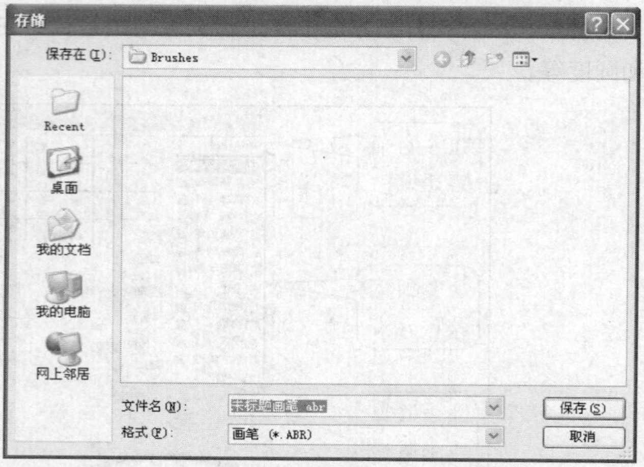

图 5-8　"存储"画笔对话框

（2）载入画笔。

将画笔保存后，可以根据需要随时将其载入进来。用户可以载入已经保存的画笔样式，或是载入 Photoshop 所提供的画笔。方法是，在"画笔"面板菜单中选择"载入画笔"命令，打开"载入"对话框，如图 5-9 所示，在对话框中选择需要载入的画笔，单击"载入"按钮即可。

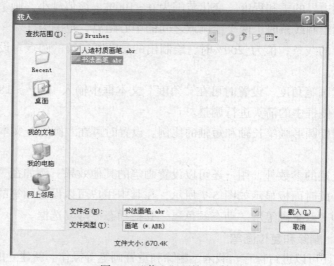

图 5-9　"载入"画笔对话框

（3）删除画笔。

如使用完某个画笔之后不想再保留，以免占用磁盘空间或者干扰操作，这时就可以删除画笔。方法是，在"画笔"面板中选择相应的画笔，然后单击鼠标右键，从弹出的快捷菜单中选择"删除画笔"命令；或者将要删除的画笔拖到"删除画笔"按钮 上即可。当然也可以在"画笔"面板中选中要删除的画笔，然后选择"画笔"面板菜单中的"删除画笔"命令。

（4）复位画笔。

如果要恢复"画笔"面板的默认状态，可以单击"画笔"面板右上角的 ，从弹出的菜单中选择"复位画笔"命令即可，这样就可以将"画笔"面板中的所有画笔的设置恢复为初始的默认状态。选择"复位画笔"命令后将出现图 5-10 所示的提示对话框，提示是否替换，单击"确定"按钮将替换原有画笔，如果单击"追加"按钮，则在保留原有画笔的基础上增加新载入的画笔。

5．铅笔工具

选择工具箱中的铅笔工具 ，其工具属性栏如图 5-11 所示，其中大部分参数与画笔工具相同。

图 5-10　复位画笔对话框

图 5-11　"铅笔工具"属性栏

铅笔工具常用来画一些棱角突出的线条。铅笔工具的使用方法与画笔工具类似，只不过"铅笔工具"属性栏中的画笔都是硬边的，因此使用铅笔绘制出来的直线或线段都是硬边的，一般使用铅笔工具绘图时选择尖角画笔。铅笔工具还有一个特有的"自动抹除"复选框 ，此项被选中后，铅笔工具可实现擦除的功能，也就是说，在与前景色颜色相同的图像区域中绘图时，会自动擦除前景色而填入背景色。

（二）渐变和油漆桶工具

1．渐变工具

渐变工具是一种经常用到的绘图编辑工具，可以创建从前景色到背景色或者是从前景色到透明的渐变等多种效果，实质上就是在图像中或图像的某一区域中填入一种具有多种颜色过渡的混合色。如果不创建选区，渐变工具将作用于整个图像。此工具的使用方法是按住鼠标左键拖曳，形成一条直线，直线的长度和方向决定了渐变填充的区域和方向，拖曳鼠标的同时按住【Shift】键可保证鼠标的方向是水平、竖直或 45°。

渐变工具可以在 Photoshop CS4 中创建以下 5 类渐变。

线性渐变 ：沿直线的渐变效果。

径向渐变 ：从圆心向四周扩散的渐变效果。

角度渐变 ：围绕一个起点的渐变效果。

对称渐变 ：从起点两侧向两相反方向的渐变效果。

菱形渐变 ：菱形形状的渐变效果。

具体效果如图 5-12 所示。

图 5-12　5 种渐变类型

2．使用已有的渐变色填充图像

使用已有的渐变色填充图像就是利用已经存在的渐变色对图像的颜色进行填充，已有的颜色在"渐变工具"属性栏中可以看到，其具体的操作步骤如下。

（1）选择工具箱中的渐变工具 ，然后在出现的工具属性栏中选择合适的渐变色（属性栏中的渐变条默认是从前景色到背景色的一个渐变，改变前景色和背景色都会使渐变条发生改变），如图 5-13 所示。在工具属性栏中设置其他参数，如模式、不透明度、仿色和反向等。其不透明度和模式的作用前面已经介绍过，这里不再重复。下面简单介绍其他几个选项的功能。

反向：选中此复选框后，会使渐变填充色与用户设置的渐变颜色相反。

仿色：选中此复选框，系统自动增加杂点来得到比较平滑的混色效果，使渐变效果更加平顺。

透明区域：选中此复选框，可以设置渐变的透明属性，使渐变填充时可以应用透明设置。

（2）将鼠标指针移到图像中（或选区内），从左上角到右下角拖动鼠标，即可在图像中填入预先设定好的渐变颜色，如图 5-14 所示。

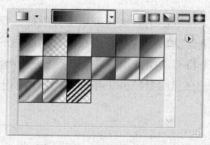

图 5-13　"渐变工具"属性栏

图 5-14　渐变效果

3．使用自定义渐变色填充图像

使用系统提供的"渐变工具"属性栏填充渐变效果的操作很简单，但是在创作图形时，当 Photoshop CS4 提供的渐变色不能满足我们的要求时，还可以对渐变颜色进行编辑，以获得新的渐变色。所以，自己定义一个渐变颜色是创建渐变效果的关键。使用自定义渐变色填充图像的具体操作步骤如下。

（1）选择工具箱中的渐变工具 ，然后在工具属性栏中单击"点按可编辑渐变"按钮 ，弹出图 5-15 所示的"渐变编辑器"对话框。

（2）若要新添加一个颜色，将鼠标指针移动到渐变条的下边界，当指针变成手状时单击，就在该处添加了一种颜色，在下方的颜色： 上单击，在弹出的对话框中可以重新选取新的颜色。单击新增的标志，会出现两个菱形，如图 5-16 所示，拖动菱形可以看到其左右两种颜色在渐变条上所占的比重会发生变化。上面的标志控制透明度，加一个标志的操作方法与前面所介绍的类似。

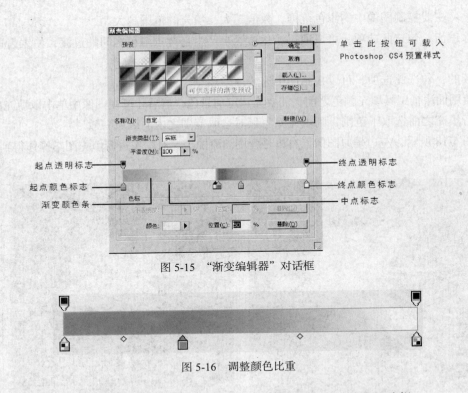

图 5-15　"渐变编辑器"对话框

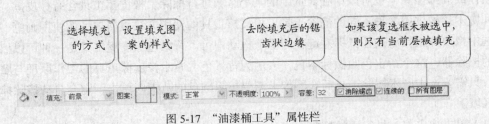

图 5-16　调整颜色比重

（3）设置好上述所有内容后，单击"确定"按钮即可完成渐变样式的编辑。

4．油漆桶工具

利用油漆桶工具 可以将图像中与落笔点像素颜色相同或相近的像素填充为指定的颜色。该工具除了不能应用于位图模式图像以外，可以将颜色或是图案填充于任何指定的区域。在工具箱中单击油漆桶工具 ，出现图 5-17 所示的工具属性栏。

图 5-17　"油漆桶工具"属性栏

其各个参数的含义如下。

填充：设置以何种方式向画面中填充，其右侧下拉列表中包括"前景"和"图案"两个选项。当选择"前景"时，利用油漆桶工具在画面中单击可填充当前的前景色，此时属性栏中的"图案"选项不能使用。当在"填充"选项中选择"图案"时，后面的"图案"选项即可使用，单击此选项，在弹出的"图案选项"窗口中选择图案，然后利用油漆桶工具在画面中单击可填充当前选择的图案。

模式：设置填充图像与原图像的混合模式。

不透明度：决定填充颜色或图案的不透明程度。

容差：主要控制图像中的添色范围，数值越大，填充的范围越大。

消除锯齿：勾选此选项，可以通过淡化边缘来产生与背景颜色之间的过渡，使锯齿边缘得到平滑。

连续的：勾选此选项，可以在画面中连续像素点。

在使用油漆桶工具填充颜色之前，需要先选定前景色，然后才可在图像中单击以填充前景色。如果进行填充之前选取了范围，则填充颜色只对选取范围之内的区域有效。

如图 5-18 所示，左边是原图像，右边是应用油漆桶工具对图像进行填充图案操作得到的效果。

图 5-18　油漆桶工具处理前后效果对比

（三）橡皮擦工具

Photoshop CS4 中用于擦除的工具被集中在橡皮擦工具组中，使用该组中的工具可以将打开的图像整体或局部擦除，也可以单独对选中的某个区域进行擦除。橡皮擦工具含有橡皮擦、背景橡皮擦和魔术棒橡皮擦 3 种不同的擦除工具。橡皮擦工具的使用方法很简单，像使用画笔一样，只需要选中橡皮擦工具后按住鼠标左键在图像上拖动即可。背景色橡皮擦工具是一种可以擦除指定颜色的擦除器，这个指定色叫做标本色，表示为背景色。魔术橡皮擦工具的工作原理与魔棒工具相似，只需要选中魔术擦除工具后在图像上需要擦除颜色的范围内单击，它会自动擦除掉颜色相近的区域。

（1）单击橡皮擦工具组中的橡皮擦工具，其属性栏如图 5-19 所示。

图 5-19　"橡皮擦工具"属性栏

指定"不透明度"以定义抹除强度，100% 的不透明度将完全抹除像素，较低的不透明度将部分抹除像素。在"画笔"模式中，"流量"指定工具涂抹油彩的速度单击"喷枪"按钮，将画笔用作喷枪。要抹除图像的已存储状态或快照，在"历史记录"面板中单击状态或快照的左列，然后在"橡皮擦工具"属性栏中选择"抹到历史记录"复选框。要临时以"抹到历史记录"模式使用橡皮擦工具，可以按住【Alt】键并在图像中拖曳鼠标。

（2）单击橡皮擦工具组中的背景色橡皮擦工具，其属性栏如图 5-20 所示。

图 5-20　"背景色橡皮擦工具"属性栏

"限制"下拉列表框用于选取抹除的限制模式，其中"不连续"抹除出现在画笔下任何位置的样本颜色；"连续"抹除包含样本颜色并且相互连接的区域；"查找边缘"抹除包含样本颜色的连接区域，同时更好地保留形状边缘的锐化程度。对于"容差"，可以输入值或拖移滑块进行设置，低容差仅限于抹除与样本颜色非常相似的区域，高容差抹除范围更广的颜色。选择"保护前景色"可防止抹除与工具框中的前景色匹配的区域。"取样"选项中，"连续"随着拖移连续采取色样；"一次"只抹除包含第一次单击的颜色的区域；"背景色板"只抹除包含当前背景色的区域。

（3）单击橡皮擦工具组中的魔术棒橡皮擦工具，其属性栏如图 5-21 所示。

图 5-21　"魔术棒橡皮擦工具"属性栏

输入"容差"值以定义可抹除的颜色范围，低容差会抹除颜色值范围内与点按像素非常相似的像素，高容差会抹除范围更广的像素。选择"消除锯齿"可使抹除区域的边缘平滑。选择"邻近"只抹除与点按像素邻近的像素，取消选择则抹除图像中的所有相似像素。选择"对所有图层取样"，以便利用所有可见图层中的组合数据来采集抹除色样。指定"不透明度"以定义抹除强度，100% 的不透明度将完全抹除像素，较低的不透明度将部分抹除像素。

（四）工具的绘图模式

混合模式是 Photoshop CS4 最强大的功能之一，它决定了当前图像中的像素如何与底层图像中的像素混合。使用混合模式可以轻松地制作出许多特殊的效果，但 Photoshop CS4 的图层混合

模式对初学者来说是一大难点。顾名思义，所谓"图层混合模式"就是指在两个图层上的图象进行"混合"的方式，以得到一个新的混合结果图。

为说明方便，现打开一张原始图片，如图 5-22 所示。

混合模式分为以下 6 大类。

（1）组合模式（正常、溶解）。

正常模式：在"正常"模式下调整上面图层的不透明度可以使当前图像与底层图像产生混合效果。图 5-23 所示均为正常模式效果，左图不透明度为 100%，右图不透明度为 70%。

图 5-22　原始素材图

图 5-23　不透明度为 100% 与不透明度为 70% 时正常模式的效果

溶解模式：其特点是配合调整不透明度可创建点状喷雾式的图像效果，不透明度越低，像素点越分散。图 5-24 所示为溶解模式，其不透明度为 100%时的效果，因为线条的边缘柔软，也就是有一定的透明度，可以看到边缘溶解的效果；图 5-25 所示为不透明度为 70%时溶解模式的效果。

图 5-24　不透明度为 100%时溶解模式效果　　　　图 5-25　不透明度为 70%时溶解模式效果

（2）加深混合模式（变暗、正片叠底、颜色加深、线性加深）。

变暗模式：其特点是显示并处理比当前图像更暗的区域，效果如图 5-26 所示。

正片叠底：其特点是可以使当前图像中的白色完全消失，另外，除白色以外的其他区域都会使底层图像变暗。无论是图层间的混合还是在图层样式中，正片叠底都是最常用的一种混合模式。像素点的像素值是 0～255，黑色的像素值是 0，白色的像素值是 255。正片叠底模式的效果如图 5-27 所示。

图 5-26　变暗模式效果　　　　　　　　图 5-27　正片叠底模式效果

颜色加深：其特点是可保留当前图像中的白色区域，并加强深色区域，效果如图 5-28 所示。

线性加深：线性加深模式与正片叠底模式的效果相似，但产生的对比效果更强烈，相当于正片叠底与颜色加深模式的组合，效果如图 5-29 所示。

图 5-28　颜色加深模式效果　　　　　　　图 5-29　线性加深模式效果

（3）减淡混合模式（变亮、滤色、颜色减淡、线性减淡）。

变亮模式：其特点是比较并显示当前图像比下面图像亮的区域，变亮模式与变暗模式产生的效果相反。

滤色模式：其特点是可以使图像产生漂白的效果，滤色模式与正片叠底模式产生的效果相反。

颜色减淡模式：其特点是可加亮底层的图像，同时使颜色变得更加饱和，由于对暗部区域的改变有限，因而可以保持较好的对比度，效果如图 5-30 所示。

线性减淡模式：它与滤色模式相似，但是可产生更加强烈的对比效果，效果如图 5-31 所示。

图 5-30　颜色减淡模式效果　　　　　图 5-31　线性减淡模式效果

（4）对比混合模式（叠加、柔光、强光、亮光、线性光、点光、实色混合）。

叠加模式：其特点是在为底层图像添加颜色时，可保持底层图像的高光和暗调，效果如图 5-32 所示。

柔光模式：柔光模式可产生比叠加模式或强光模式更为精细的效果，如图 5-33 所示。

强光模式：强光模式的特点是可增加图像的对比度，它相当于正片叠底和滤色模式的组合，效果如图 5-34 所示。

图 5-32　叠加模式效果

图 5-33　柔光模式效果　　　　　图 5-34　强光模式效果

亮光模式：其特点是混合后的颜色更为饱和，可使图像产生一种明快感，它相当于颜色减淡和颜色加深模式的组合。

线性光模式：其特点是可使图像产生更高的对比度效果，从而使更多区域变为黑色和白色，它相当于线性减淡和线性加深模式的组合。

点光模式：其特点是可根据混合色替换颜色，主要用于制作特效，它相当于变亮与变暗模式的组合。

实色混合模式：其特点是可增加颜色的饱和度，使图像产生色调分离的效果。

（5）比较混合模式（差值、排除）。

差值模式：其特点是当前图像中的白色区域会使图像产生反相的效果，而黑色区域则会越接近底层图像。

排除模式：排除模式可比差值模式产生更为柔和的效果。

（6）色彩混合模式（色相、饱和度、颜色、亮度）。

色相模式：该模式适合于修改彩色图像的颜色，可将当前图像的基本颜色应用到底层图像中，并保持底层图像的亮度和饱和度，效果如图 5-35 所示。

饱和度模式：饱和度模式的特点是可使图像的某些区域变为黑白色，可将当前图像的饱和度应用到底层图像中，并保持底层图像的亮度和色相，效果如图 5-36 所示。

图 5-35　色相模式效果

图 5-36　饱和度模式效果

颜色模式：其特点是可将当前图像的色相和饱和度应用到底层图像中，并保持底层图像的亮度，效果如图 5-37 所示。

亮度模式：其特点是可将当前图像的亮度应用于底层图像中，并保持底层图像的色相与饱和度，效果如图 5-38 所示。

图 5-37　颜色模式效果

图 5-38　亮度模式效果

三、任务实施

学习了绘图工具的相关知识，下面我们开始制作"简单几何体"。

（1）新建文件。选择"文件"→"新建"命令或按【Ctrl+L】组合键新建一个图形文件，根据需求设置图像文件的大小，设置图像"名称"为"简单的几何体"，"宽度"为 700 像素，"高度"为 500 像素，"分辨率"为 150 像素/英寸，其余参数设置如图 5-39 所示，单击"确定"按钮。

（2）填充渐变颜色。单击渐变工具　，单击"点按可编辑渐变"按钮　，设置背景色，单击属性栏中的"线性渐变"，从上到下拖动鼠标填充渐变色，效果如图 5-40 所示。

（3）绘制选区并填充渐变颜色。单击矩形选框工具　，绘制一个矩形。单击工具箱中的渐变工具　，单击　，打开"渐变编辑器"对话框，设置参数，如图 5-41 所示，单击"确定"按钮。

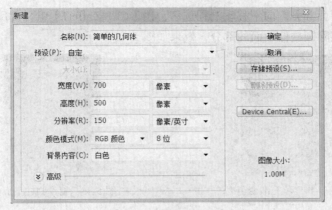

图 5-39 "新建"对话框

图 5-40 "线性渐变"效果

图 5-41 "渐变编辑器"对话框

（4）新建图层并填充渐变颜色。新建"图层 2"，单击"渐变工具"属性栏中的"线性渐变"按钮，在矩形选区中从左到右拖动鼠标填充渐变色。按【Ctrl+D】组合键取消选区，效果如图 5-42 所示。

（5）绘制选区并填充渐变颜色。单击椭圆选框工具 ，绘制一个椭圆，如图 5-43 所示，单击工具箱中的渐变工具 ，单击"点按可编辑渐变"按钮 ，打开"渐变编辑器"对话框设置参数，并单击属性栏中的"线性渐变"按钮，在椭圆选区中从左到右拖动鼠标填充渐变色，如图 5-44 所示。

图 5-42 填充渐变色

图 5-43 绘制椭圆

（6）制作圆柱下面部分。向下移动椭圆选区，按【Ctrl+Shift+I】组合键反选选区，单击橡皮擦工具，沿着选区擦除圆柱体下面的部分，效果如图 5-45 所示。

图 5-44　填充渐变色

图 5-45　制作圆柱下面部分

任务二　制作双胞胎小姐妹

一、任务分析

从图 5-46 所示任务我们可以看出，制作双胞胎小姐妹效果图需要使用 Photoshop CS4 中的仿制图章工具把局部图片复制到另一处，再用相应的图像处理工具进行细节的处理。

图 5-46　双胞胎小姐妹效果图

二、相关知识

（一）图章工具

Photoshop 的图章工具内含两个工具，它们分别是仿制图章工具和图案图章工具。图章工具实际上是一种复制工具，快捷键是【S】。

1. 仿制图章工具

在 Photoshop CS4 中，工具箱中提供的仿制图章工具能为一幅图像以选定点为基准点，并将基准点周围的图像复制到同一图像或另一幅图像中，与前面讲的修复画笔工具的使用比较类似。单击工具箱中的仿制图章工具 ，便出现其工具属性栏，如图 5-47 所示。

画笔: 21　模式: 正常　不透明度: 100%　流量: 100%　☑对齐　样本: 当前图层

图 5-47　"仿制图章工具"属性栏

仿制图章工具将从图像中取样，可将样本应用到其他图像或同一图像的其他部分，也可以将一个图层的一部分仿制到另一个图层。要复制对象或移去图像中缺陷时，仿制图章工具十分有用。在使用仿制图章工具时，需要在该区域上设置要应用到另一个区域上的取样点。通过在属性栏中选择"对齐"复选框，无论对绘画停止和继续过多少次，都可以重新使用最新的取样点。当"对齐"选项处于取消选择状态时，将在每次绘画时重新使用同一个样本。图 5-48 和图 5-49 所示为原始图像，图 5-50 所示的是通过仿制图章工具将左图中的花复制到右图上的效果。但两张图像的颜色模式必须一样才可以执行此项操作。在复制图像的过程中可经常改变画笔的大小及其他设定项以达到精确修复的目的。

 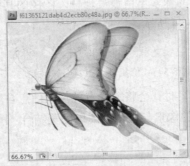 

图 5-48 原始图像　　　　图 5-49 原始图像　　　　图 5-50 效果图

2. 图案图章工具

图案图章工具的功能与仿制图章工具基本一致，只是该工具不是以选定的基准点进行复制的，而是以预先定义好的图案复制区域为对象进行复制。选择工具箱中的图案图章工具，其工具属性栏如图 5-51 所示。

图 5-51 "图案图章工具"属性栏

"图案图章工具"属性栏中同样有一个"对齐"选项，选择这一选项时，无论复制过程中停顿多少次，最终的图案位置都会非常整齐；而取消这一选项，一但图案图章工具使用过程中断，再次开始时图案即无法以原来的规则排列。图 5-52 所示为选择"对齐"选项后多次单击的填充结果，图 5-53 所示为不选择"对齐"选项后多次单击的填充结果。

图 5-52 选择"对齐"选项效果　　　　图 5-53 不选择"对齐"选项效果

（二）修复和修补工具

修复画笔工具 🖌 和修补工具 🩹 其实都是基于前面所说的图章工具的派生工具，弥补了图章工具的一些不足。那么图章工具有什么不足之处呢？通过前面的学习我们知道，图章工具对图案的复制是原样照搬的，即让采样区域和复制区域的像素完全一致，这样有时候在两幅色调相差较大的图像之间使用就会形成很不协调的效果。而修复画笔工具和修补工具则可以弥补这种缺陷。

1. 修复画笔工具

修复画笔工具 🖌 可以消除图像中的人工痕迹，包括划痕、蒙尘及褶皱等，并同时保留阴影、光照和纹理等效果，从而使修复后的像素不留痕迹地融入图像的其余部分。选择工具箱中的修复画笔工具 🖌，其工具属性栏如图 5-54 所示。

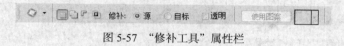

图 5-54　"修复画笔工具"属性栏

修复画笔工具在复制或填充图案时，会将取样点的像素信息自然融入到复制的图像位置，并保持其纹理、亮度和层次，被修复的像素与周围的图像完美结合。图 5-55 所示为原图像，图 5-56 所示为修复后的效果。

图 5-55　原图像

图 5-56　修复后的效果

2. 修补工具

修补工具与修复工具的效果基本相同，都可用于修复图像，但两者的使用方法却大相径庭，使用修补工具可以自由选取需要修复的图像范围。选择工具箱中的修补工具 🩹，其工具属性栏如图 5-57 所示。

图 5-57　"修补工具"属性栏

通过使用修补工具，可以用其他区域或图案中的像素来修复选中的区域。与修复画笔工具一样，修补工具会将样本像素的纹理、光照和阴影与源像素进行匹配。还可以使用修补工具来仿制图像的隔离区域。修补工具可处理 8 位/通道或 16 位/通道的图像。在修补图像时，选择的区域尽量要小一些，因为这样修补的效果会更好。在"修补工具"属性栏中选择"源"，图 5-58 所示的选区为需要修复的区域，移动选区至图像中的白色区域，将选区内的花朵图案用白色修补，修补后的效果如图 5-59 所示。

图 5-58　原始图　　　　　　　　　　　图 5-59　修补效果图

（三）模糊工具组

在模糊工具组中包含 3 个工具，分别为模糊工具、锐化工具和涂抹工具。使用该工具组中的工具，可以进一步修饰图像的细节。其快捷键为【R】。

模糊工具是将颜色值相接近的颜色融在一起，使颜色看起来平滑柔和。与画笔相似，可改变模糊工具的画笔形状，也可调整强度，也就是模糊的融合度的强烈。模糊工具主要是通过将突出的色彩、僵硬的边界进行模糊处理，使图像的色彩过渡平滑，从而达到图像柔化模糊的效果。

锐化工具是在颜色接近的区域内增加 RGB 像素值，使图像看起来不是很柔和，其效果正好与模糊工具相反，即通过增大图像相邻像素间的色彩反差而使图像的边界更加清晰。模糊工具和锐化工具的操作方法相同。

模糊工具和锐化工具两者的工具属性栏中的选项是相同的，如图 5-60 所示。

图 5-60　模糊工具和锐化工具的属性栏

图 5-61、图 5-62 所示是使用模糊工具前后的效果，图 5-63、图 5-64 所示的是使用锐化工具前后的效果。

图 5-61　模糊前　　　　　　　　　　　图 5-62　模糊后

图 5-63 锐化前

图 5-64 锐化后

涂抹工具是在图像上拖动颜色，使颜色在图像上产生位移，产生涂抹的效果。其属性栏与前两个工具相似，多了一个"手指绘画"选项，其作用是可以在一个空的图层上，根据其他图层的颜色来产生一个涂抹的效果。调整其强度，产生的效果也不一样。涂抹工具的工具属性栏如图 5-65 所示。

图 5-65 "涂抹工具"属性栏

图 5-66 所示是原始图像，图 5-67 所示是使用涂抹工具后的效果。

图 5-66 原始图像

图 5-67 涂抹后的效果

（四）减淡和加深工具组

在减淡工具组中包含 3 个工具，分别为减淡工具、加深工具和海绵工具。使用该工具组中的工具，可以进一步修饰图像的细节。

减淡工具常通过提高图像的亮度来校正曝光度。选择减淡工具，其工具属性栏如图 5-68 所示。

图 5-68 "减淡工具"属性栏

图 5-69 所示是原始图像，图 5-70 所示是使用减淡工具的效果。

加深工具的功能与减淡工具相反，它可以降低图像的亮度，通过加暗来校正图像的曝光度。选择加深工具，其工具属性栏与"减淡工具"属性栏相同。图 5-71 所示是原始图像，图 5-72 所示是对蝴蝶使用加深工具的效果。

海绵工具可精确地更改图像的色彩饱和度，使图像的颜色变得更加鲜艳或更灰暗。如果当前图像为灰度模式，使用海绵工具将增加或降低图像的对比度。选择海绵工具，其工具属性栏如图 5-73 所示。

图 5-69 原始图像

图 5-70 使用减淡工具的效果

图 5-71 原始图像

图 5-72 使用加深工具的效果

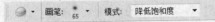

图 5-73 "海绵工具"属性栏

图 5-74 所示是原始图像，图 5-75 所示是对蝴蝶使用海绵工具的效果（模式选择为"降低饱和度"）。

图 5-74 原始图像

图 5-75 使用海绵工具的效果

三、任务实施

下面我们开始制作"双胞胎小姐妹"。

（1）打开文件。选择"文件"→"打开"命令（【Ctrl+O】组合键），打开素材目录下的"图 5-76 原始照片.jpg"，如图 5-76 所示。

（2）显示标尺。选择"视图"→"标尺"命令（【Ctrl+R】组合键），在图片周围显示标尺，并在适当位置添加若干条辅助线，如图 5-77 所示。

图 5-76　原始图片

图 5-77　添加辅助线

（3）选择仿制图章工具。选择工具箱中的仿制图章工具 ，并在其属性栏中设置画笔"主直径"为 200px，如图 5-78 所示。

（4）选择取样点。按住键盘上的【ALT】键，在辅助线的左侧交汇点处单击，定义取样点。

（5）用仿制图章工具绘制图案。在辅助线的右侧交汇点处按住鼠标左键进行涂抹，在涂抹的过程中不要松开鼠标左键，直至小女孩的另一个图片完全显示出来，如图 5-79 所示。

（6）擦除文字。利用同样的方法，选择仿制图章工具擦除图片下方的日期文字，最终效果如图 5-46 所示。

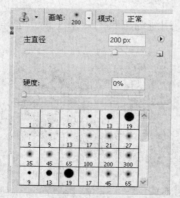
图 5-78　设置画笔主直径

图 5-79　绘制另一个图案

实训项目

实训项目 1　修复照片中的瑕疵

1. 实训的目的与要求

学会使用图像的修饰工具，熟练地使用这些工具进行照片的修复。

2. 实训内容

使用所给素材，制作出图 5-80 所示的照片。

图 5-80　实训项目 1

实训项目 2　利用画笔工具制作白云特效

1．实训的目的与要求

学会使用画笔，熟练地使用画笔工具制作白云特效。

2．实训内容

使用所给素材，制作出图 5-81 所示效果。

图 5-81　实训项目 2

项目总结

利用 Photoshop 为我们提供的绘图工具、图像处理工具和修复工具，可以制作出效果非常漂亮的平面设计作品，这些工具在图像处理和绘制图形中是必不可少的。通过本项目的实践，读者可以掌握图像修饰与绘画工具的一系列操作知识，可以对图像进行修改、优化等灵活的编辑与操作。

习题

一、选择题

1．下述有关图案定义的说法中，（　　　）是错误的。

    A．定义图案时，选区可以为任何形状

    B．定义图案时，选区的羽化值必须为 0

    C．如果当前未制作选区，则将整幅图像定义为图案

    D．定义的图案支持多层，即以当前选区图像的显示效果为准

2．利用颜色取样器获取颜色时，最多可以创建（　　　）个取样点。

    A．3　　　　　　　　　B．4　　　　　　　　　　　C．5　　　　　　　　　　　　　　　D．6

3. 选中"铅笔工具"属性栏中的"自动抹除"复选框后，可以将铅笔工具设置成（　　）工具来使用。

    A. 画笔　　　　　　　B. 橡皮擦　　　　　　　C. 喷枪　　　　　　　　D. 涂抹

4. 若要将一幅图像的全部或部分复制到同一幅图像或另一幅图像中，可使用（　　）工具。

    A. 仿制图章　　　　B. 图案图章　　　　　　C. 油漆桶　　　　　　　D. 画笔

5. 下列选项中，（　　）叙述是错误的。

    A. 使用图案图章工具，用户可以选择图案进行绘画

    B. 默认情况下，在利用仿制图章工具复制图像时，无论中间执行了何种操作，用户均可随时继续复制操作

    C. 油漆桶工具仅用于填充图像中或选区中颜色相近的区域

    D. 选择"油漆桶工具"属性栏中的"所有图层"复选框后，利用油漆桶工具填充颜色时，系统会分析所有图层，然后将结果填充在所有图层

6. 选择"编辑"→"填充"命令不能对图像区域进行（　　）填充。

    A. 前景色　　　　　　B. 背景色　　　　　　　C. 图案　　　　　　　　D. 渐变色

7. 下面（　　）选项的方法不能对选区进行变换或修改操作。

    A. 选择"选择"→"变换选区"菜单命令

    B. 选择"选择"→"修改"子菜单中的命令

    C. 选择"选择"→"保存选区"菜单命令

    D. 选择"选择"→"变换选区"菜单命令后，再选择"编辑"→"变换"子菜单中的命令

8. 利用渐变工具进行填充的时候，渐变方式一共有（　　）种。

    A. 5　　　　　　　　　B. 4　　　　　　　　　　C. 6　　　　　　　　　　D. 7

9. 选择"编辑"菜单下的（　　）命令可以将剪贴板上的图像粘贴到选区。

    A. 粘贴　　　　　　　B. 合并拷贝　　　　　　C. 粘贴入　　　　　　　D. 拷贝

10. 下列（　　）不需要通过画笔面板中的画笔来定义工具的大小。

    A. 油漆桶工具　　　　　　　　　　　　　B. 喷枪工具

    C. 橡皮图章工具　　　　　　　　　　　　D. 涂抹工具

二、填空题

1. 在填充选区时，"不透明度"是指＿＿＿＿＿＿＿＿，以及显示的深浅程度。不透明度的默认值为 100%，表示＿＿＿＿＿＿＿＿。

2. 默认状态下，Photoshop CS4 中提供的画笔分为两类：一类为＿＿＿＿＿＿＿＿画笔，另一类为＿＿＿＿＿＿＿＿画笔。

3. 在编辑图像时，通过设置不透明度，可决定＿＿＿＿＿＿或＿＿＿＿＿的透明程度，其值越小，透明度越＿＿＿＿＿＿＿＿。

4. 渐变效果实质上就是具有多种过渡颜色的＿＿＿＿＿＿，它可以是＿＿＿＿＿到＿＿＿＿＿＿的过渡，背景色到前景色的过渡，或者是其他颜色间的相互过渡。

5. Photoshop CS4 提供的渐变工具有＿＿＿＿＿、＿＿＿＿＿、＿＿＿＿＿、＿＿＿＿＿和＿＿＿＿＿。

三、问答题

1. 设置前景色和背景色的方法有哪些？

2. 如何设置画笔特性？

项目六

图层的使用

【项目目标】

通过本项目的学习，读者基本了解图层的概念，熟悉图层的创建、编辑和删除等基本方法，能够利用图层样式和图层混合模式等功能进行图像特殊效果的设计。

【项目重点】

1. 认识"图层"面板、"图层"菜单
2. 图层的新建、编辑和删除
3. 图层的显示、隐藏、合并与叠放次序
4. 图层的变换和排列对齐
5. 图层样式功能的使用
6. 图层蒙版与图层的混合模式

【项目任务】

熟练掌握图层的使用方法，学会制作"荷花园"房产宣传图和表格图片。

任务一 制作表格图片

一、任务分析

从图 6-1 可以看出，完成本任务的步骤较多，但涉及的操作并不复杂，也比较容易理解。主要使用到图层相关的一些基本操作，如新建、复制图层，图层合并，文字图层及其栅格化，图层样式和图层变换等。

图 6-1　表格图片

二、相关知识

图层是 Photoshop 中最常用到的概念和方法。在设计图像时往往需要用到多个图层，一个图层就好像是一张用不透明的画笔画过的透明纸张，将这些纸张叠加起来则会产生全新的表现效果。当然，由于画笔所作画的透明程度不同，透明纸张叠放的上下顺序不一样时最终效果也会发生变化。在处理比较复杂的图像时使用分层管理，将不同的图像放在不同的图层进行编辑，使图层之间不会产生干扰，这样降低了工作的复杂度。

（一）认识"图层"面板

"图层"面板是对图层操作时使用到的一个重要工具，它为我们提供了多种功能。通过"窗口"→"图层"命令（或按【F7】键）调用"图层"面板，如图 6-2 所示。

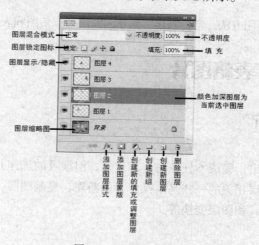

图 6-2　"图层"面板

（二）图层的基本操作

1．创建新图层

选择"图层"→"新建图层"命令（或按【Shift+Ctrl+N】组合键）打开"新建图层"对话框，如图 6-3 所示。设置相应属性后单击"确定"按钮，将在"图层"面板中增加一个新的图层。或者使用"图层"面板下面的"创建新图层"按钮，快速新建一个图层。

2．复制图层

在"图层"面板中，用鼠标左键单击某个图层时，上面会出现蓝条，表示该图层被选中。单击鼠标右键，在弹出的快捷菜单中选择"复制图层"，在弹出的"复制图层"对话框中设置属性，单击"确定"按钮复制一个图层（或按【Ctrl+J】组合键），如图 6-4 所示。

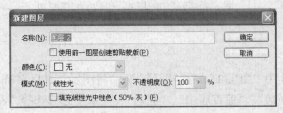

图 6-3 "新建图层"对话框

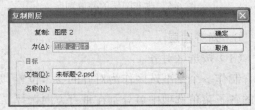

图 6-4 "复制图层"对话框

也可直接将要复制的图层拖到"图层"面板下方的"创建新图层"按钮上，以默认的方式复制图层。

3．删除图层

（1）选中要删除的图层，单击鼠标右键，在弹出的快捷菜单中选择"删除图层"选项删除图层。

（2）选中要删除的图层，然后直接按键盘上的【Delete】键删除图层。

（3）用鼠标左键按住要删除的图层不放，直接拖到"图层"面板下方的"删除图层"图标上，即可删除相应的图层。

（4）选中图层后，使用"图层"→"删除"→"图层"命令，在弹出的对话框中选择"是"，将图层删除，如图 6-5 所示。

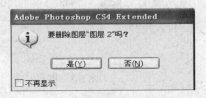

图 6-5 "删除图层"对话框

4．改变图层的叠放顺序

Photoshop 中，图像通常是多个图层相互叠加的效果，在上面的图层由于具有一定的不透明度，在某种程度上会挡住下面的图层，根据需要通过改变图层的叠放顺序，可以改变图层之间的遮挡关系。在"图层"面板中，用鼠标左键选中一个图层向下或向上拖动即可改变图层的叠放顺序。图 6-6 所示分别是"图层 2"在"图层 3"的下面和"图层 2"在"图层 3"的上面。

单击选中某个图层作为当前图层，使用"图层"→"排列"中相应的子菜单，可将选中的图层置为顶层、前移一层、后移一层或置为底层等。

在"图层"面板中，"背景"图层是始终位于最下面的图层，不能改变叠放次序，如果需要将它移到上面，要先将其转换为普通图层，方法是在"图层"面板中双击"背景"图层，在弹出的转换对话框中选择"确定"即可。

5．图层可见性

单击"图层"面板中 ◉ 图标，将图层暂时隐藏起来。图 6-7 所示分别是隐藏"图层 4"和显示"图层 4"。

<table>
<tr><td>图 6-6　改变图层的叠放顺序</td><td>图 6-7　隐藏"图层 4"和显示"图层 4"</td></tr>
</table>

6．对齐图层

（1）按选区对齐。

制作一个基准选区作为对齐的参考位置，选中"图层 1"，在"图层"→"将图层与选区对齐"下的各子菜单选项中可分别在垂直方向选择"顶边"、"垂直居中"、"底边"，在水平方向选择"左边"、"水平居中"、"右边"共 6 种与选区的对齐方式。同样，分别选择"图层 2"、"图层 3"、"图层 4"也可进行图层对齐，如图 6-8 所示。

（2）多个图层对齐。

按住【Ctrl】键同时选择"图层 1"、"图层 2"、"图层 3"、"图层 4"，在"图层"→"对齐"的 6 个子菜单中可实现选中图层如上面的 6 种对齐方式，如图 6-9 所示。

图 6-8　图层对齐　　　　　　　　　　　图 6-9　多个图层对齐

7．形状与图像文字图层

形状与图像文字图层用于在图层上截取一部分，用形状或文字的轮廓截取图层的一部分，使得形状或文字轮廓内的部分在图层上保留，其他部分删除掉，留下用图像中的内容组成的形状或文字。

（1）形状图层。

① 在 Photoshop CS4 中打开素材"荷花.JPG"，将"背景"图层转换为"图层 0"，使用工具箱中的自定义形状工具绘制一个"红心形卡"形状，调整其大小并将其移动到一朵荷花上，如图 6-10 所示。

② 在"图层"面板中在"形状 1"右边空白处单击鼠标右键，在弹出的快捷菜单中选择"栅格化图层"，将形状转换为图层。

③ 选中"形状 1"图层，按住【Ctrl】键，用鼠标左键单击"形状 1"图层图标 ▨，选中"红心形卡"轮廓，如图 6-11 所示。

图 6-10　绘制形状

图 6-11　选中栅格化后的图层

④ 选择"选择"→"反向"命令则选中"红心形卡"以外的部分，选中"图层 0"，按键盘上的【Delete】键删除"图层 0"中虚线选中的部分，剩下"红心形卡"轮廓，最后隐藏"形状 1"图层，如图 6-12 所示。

（2）图像文字图层。

① 打开素材"荷花.JPG"，将"背景"图层转换为"图层 0"，使用文字工具输入中文"荷花"并调整其大小、字体，将其移动到到适当位置，如图 6- 13 所示。

图 6-12　删除选区

图 6-13　输入文字

② 将文字"荷花"栅格化为图层，按住【Ctrl】键，用鼠标左键单击"荷花"图层选中图层中的文字轮廓，如图 6-14 所示。

③ 选择"选择"→"反向"命令选中"荷花"轮廓以外的部分，单击选中"图层 0"， 按键盘上的【Delete】键删除"图层 0"中虚线选中的部分，剩下文字轮廓，最后隐藏"荷花"图层，如图 6-15 所示。

图 6-14　选中文字轮廓

图 6-15　删除选区

8．合并图层

（1）向下合并图层：用于将当前图层和它下面图层合并为一个图层进行处理。

（2）合并图层：按住【Ctrl】键选择多个图层后在其中选中的任意一个上面单击鼠标右键，在弹出的快捷菜单中选择"合并图层"，就将选中的多个图层合并为一个图层。

（3）合并可见图层：在任一可见图层上单击鼠标右键弹出快捷菜单，选择"合并可见图层"则将所有可见的图层（隐藏图层除外）合并为一个图层。

（4）拼合图像：在任一图层上单击鼠标右键单弹出快捷菜单，选择"拼合图像"，则可将所有图层（提示是否扔掉隐藏图层）并为一个图像。

（三）图层的相关设置

1. 图层混合模式

图层的混合模式决定其像素如何与图像中的下层像素进行混合，如图 6-16 所示。根据实际应用的需要使用混合模式可以创建各种特殊效果。

（1）正常：Photoshop 的默认模式，表示不与其他图层进行任何混合。

（2）溶解：根据像素位置的不透明度，结果色由基色或混合色的像素随机替换。

（3）变暗：根据像素中每个通道的颜色信息，比混合色亮的像素被替换，比混合色暗的像素保持不变，即选择基色或混合色中较暗的颜色作为结果色。

（4）正片叠底：其原理和色彩模式中的"减色原理"是一样的。根据每个通道里的颜色信息对底层颜色进行正片叠加处理，如果与黑色发生正片叠底，产生的就只有黑色；而与白色混合就不会对原来的颜色产生任何影响，这样，混合产生的颜色总是比原来的要暗。"图层 1" 正片叠底前后的效果如图 6-17 所示。

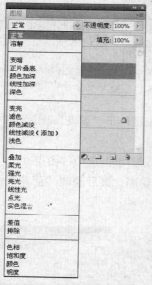
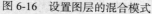

图 6-16　设置图层的混合模式

图 6-17　设置正片叠底前后效果

（5）颜色加深：同样让底层的颜色变暗，与正片叠底的不同之处在于底层的对比度由叠加的像素颜色而相应增加，即与白色混合就没有任何效果。

（6）线性加深：查看每个通道中的颜色信息，并通过减小亮度使基色变暗以反映混合色。与白色混合后不产生变化。

（7）深色：查看每个通道中的颜色信息，并通过增加对比度使基色变暗以反映混合色。与白色混合后不产生变化。

此外，还有变亮、滤色、颜色减淡、浅色、叠加、柔光、强光、亮光、色相、颜色和明度等多种混合模式，在具体操作时读者可以查找相应知识点。

2．不透明度

本章前面讲到，图层叠加时，上面的图层覆盖下面的图层。当上面的图层不透明度设置为不同值（0～100%）时就会部分遮挡下面的图层，100%时上面图层完全挡住下面图层；0 时上面图层则不可见，下面图层完全显示。图6-18所示分别为不透明度为30%和80%的情况。

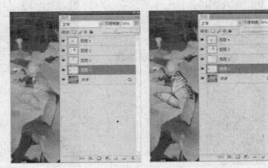

图6-18　不透明度为30%和不透明度为80%的情况

（四）图层变换

图层变换功能能够单独对每个图层图像的大小、形状等进行变化处理达到需要的最佳效果。其中包含"自由变换"和"变换"，它们都位于"编辑"菜单下。

1．自由变换

选中某个图层后选择"编辑"→"自由变换"命令（或快捷键【Ctrl+T】），弹出将该图层选中的线框，如图6-19所示。将鼠标指针放在线框的小方框上并拖动就可以分别改变图层的长度、宽度或同时改变长度与宽度。

2．变换

变换位于"编辑"→"自由变换"菜单下，它功能更丰富，有"缩放"、"旋转"、"斜切"、"扭曲"、"变形"、"透视"和"翻转"等。

（1）选中"图层 1"，选择"编辑"→"自由变换"→"扭曲"命令可产生图层扭曲的效果，如图 6-20 所示，变换后按键盘上的【Enter】键完成操作。

图 6-19　图层自由变换

图 6-20　图层扭曲

（2）选中"图层 1"，选择"编辑"→"自由变换"→"变形"命令可产生图层变形的效果，如图 6-21 所示，变换后按键盘上的【Enter】键完成操作。

（3）选中"图层 1"，选择"编辑"→"自由变换"→"旋转"命令可旋转图层，如图 6-22 所示，变换后按键盘上的【Enter】键完成操作。

（4）选中"图层 1"，选择"编辑"→"自由变换"→"透视"命令可从更多角度观察图像，如图 6-23 所示，变换后按键盘上的【Enter】键完成操作。

图 6-21　图层变形

图 6-22　图层旋转

图 6-23　图层透视

三、任务实施

（1）打开软件 Photoshop CS4，新建图像，设置名称为"机房开放时间表"，"宽度"为 45 厘米，"高度"为 60 厘米，"分辨率"为 72 像素/厘米，"颜色模式"为"CMYK 颜色"、"8 位"，"背景内容"为白色，如图 6-24 所示。

（2）打开图像"背景.JPG"，使用移动工具将其拖入"机房开放时间表"中并适当调整位置与大小，使其布满整个画面。

（3）新建"图层 2"，选择铅笔工具，设置"主直径"为 5px，"模式"为"正常"，"不透明度"为 100%，"前景色"CMYK 分别为 80、60、100、60，其他为默认设置。

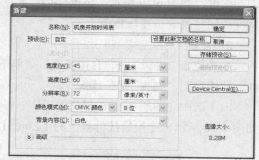

图 6-24　"新建"对话框

（4）按住【Shift】键，使用铅笔工具在"图层 2"上画一条直线。在"图层"面板中，在"图层 2"上单击鼠标右键，在弹出的菜单中选择"复制图层"命令。重复两次复制图层操作，分别建立"图层 2 副本"、"图层 2 副本 2"和"图层 2 副本 3"3 个图层。用移动工具将它们调整到适当位置，如图 6-25 所示。

（5）按住【Ctrl】键选中 4 个横线图层，再在选中的任一图层上单击鼠标右键，从弹出的菜单中选择"合并图层"选项，将 4 个横线的图层合并为一个图层，如图 6-26 所示。

（6）新建"图层 3"，采用步骤（4）和步骤（5）中的方法绘制 7 条直线，如图 6-27 所示。

（7）选中"图层 3"，使用矩形选框工具将表格中多出来的竖线删除。同样，选中"图层 2"，使用矩形选框工具将表格中多余出来的横线删除，如图 6-28 所示。

（8）合并横线图层和竖线图层（图层 2 和图层 3）。

（9）分别使用工具箱中的横排文字和竖排文字工具输入相应文字，并放入表格的适当位置。其中需要调整字符的上下和左右间距，同时可使用复制图层的方法提高输入的效率。

（10）在"图层"面板中单击"背景"和"图层 1"的"指示图层可见性"图标，将"背景"和"图层 1"隐藏，选择"图层"→"合并可见图层"命令，将文字和表格图层合并为一个图层，最后再显示"背景"和"图层 1"两个图层，结果如图 6-29 所示。

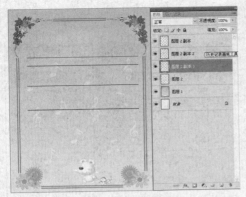

图 6-25 绘制直线并复制图层

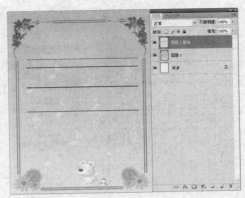

图 6-26 合并图层

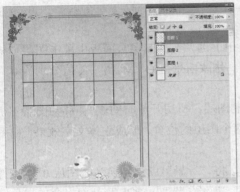

图 6-27 绘制直线

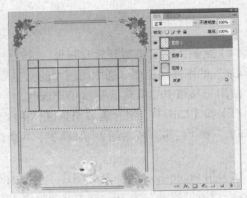

图 6-28 删除选区

（11）使用横排文字工具 **T** 横排文字工具 输入"机房开放时间表"，设置字体大小为 120 点，字形为"汉仪菱心体简"，颜色 C、M、Y、K 值分别为 50、100、50、0，并将文字调整到画面中间位置，如图 6-30 所示。

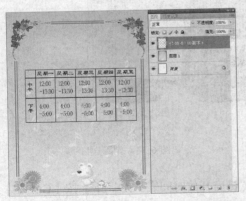

图 6-29 输入表格内文字并合并图层

图 6-30 输入标题文字

（12）在"图层"面板中，在"机房开设时间表"图层上单击鼠标右键，在弹出菜单中选择"栅格化文字"，将文本图层转化为图像图层，如图 6-31 所示。

（13）选中图层"机房开设时间表"，选择"编辑"→"自由变换"→"变形"命令，调整图像的形状，如图 6-32 所示，按回车键完成变形操作。

图 6-31　栅格化文字

图 6-32　文字变形

（14）复制图层"机房开放时间表"，按住【Ctrl】键，在"图层"面板中单击图层"机房开放时间表"的图层缩览图，选中图层中的文字部分，修改前景色 C、M、Y、K 值分别为 0、0、0、100。使用工具箱中的填充工具 填充选区。

（15）按【Ctrl+D】组合键取消选区，再次复制图层"机房开放时间表"，移动图层"机房开放时间表"和"机房开放时间表 副本 2"，并微调两个图层的位置，形成立体文字效果，如图 6-33 所示。

（16）用 Photoshop CS4 打开图片"电脑.JPG"，将"背景"图层转换为"图层 0"，选择魔棒工具 ，设置"容差"为 10，选中"消除锯齿"和"连续"选项，将电脑外面多余的白色区域删除，如图 6-34 所示。

图 6-33　立体字效果

图 6-34　删除选区

（17）将"电脑.PSD"中的"图层 0"拖动到"机房开放时间表.PSD"中，按【Ctrl+T】组合键适当调整"图层 2"（电脑所在图层）大小并移到适当的位置，如图 6-35 所示。

（18）调整"图层 2"（电脑所在图层）"不透明度"为 80%，图层样式设置为"外发光"，"扩展"为 10%，"大小"为 100 像素，如图 6-36 所示。

图 6-35 自由变换

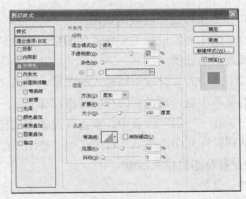

图 6-36 外发光样式

任务二 制作"荷花园"房产宣传图

一、任务分析

图 6-37 所示是房产公司的宣传效果图，体现小区中荷花园清新自然的意境。完成此任务需要应用与图层相关的一些操作，将多个图层叠加起来并使用图层样式、图层蒙版和图像调整等功能将它们结合得更加柔和与自然。

图 6-37 "荷花园"房产宣传图

二、相关知识

（一）图层样式

图层样式是 Photoshop 中用于制作图层效果的重要方法，图层样式可以作用于图像中除背景以外的任意一图层。在"图层样式"面板中可以对"投影"，"内阴影"、"内发光"、"外发光"、"斜面和浮雕"、"光泽"、"颜色叠加"、"渐变叠加"、"图案叠加"和"描边"等多种样式效果进行设置。

1. "图层样式"面板的调用

（1）选中需要设置图层样式的图层，选择"图层"→"图层样式"命令，在子菜单中选择各种样式效果的选项。

（2）选中需要设置图层样式的图层，单击"图层"面板下方的"添加图层样式"图标 *f*.，在弹出的菜单中选择要设置的相应的图层样式。

（3）在"图层"面板中，双击要设置图层样式图层的缩略图，直接弹出"图层样式"面板。

从预设样式中选择第 1 行第 7 列"拼图（图像）"样式，如图 6-38 所示。

2. 各种图层样式举例

（1）投影。

"投影"样式是在图像的下面添加图层阴影，如果对文字、边框、图像添加一个投影效果，层次感将会增强。在"结构"和"品质"两个选项框中设置投影的相关参数，其对话框如图 6-39 所示。

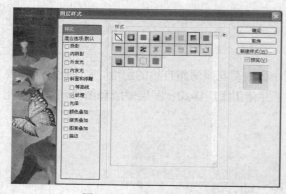
图 6-38　拼图（图像）样式

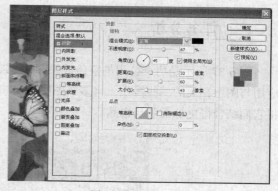
图 6-39　"投影"样式

● 混合模式：选择阴影的混合模式，如选择"正片叠底"时在下面的图层上产生略带有透明感的阴影。同时在右侧的颜色框中可选择投影颜色。

● 不透明度：设置阴影的不透明度（0～100%），值越大越不透明，颜色越深。

● 角度：阴影的投影方向，可直接在后面的文本框中输入值或用鼠标拖动圆内值设置。

● 距离：阴影的投影距离，值越大距离越远，范围为 0～30 000 像素。

● 扩展：投影的强弱程度，值越大阴影越清晰，范围为 0～100%。

● 大小：投影的柔化程度，值越大图像与光源越接近，柔化度越大，范围为 0～250 像素。

● 等高线：用于设置阴影轮廓效果，可直接单击黑色箭头图标 ▼ 弹出等高线列表，从中选择相应选项，如图 6-40（a）所示；或单击图标 ◢，弹出等高线编辑器进行设置，如图 6-40（b）所示。

● 杂色：用于在投影中添加杂点效果，值越大杂点越清晰，范围为 0～100%。

（2）内阴影。

"内阴影"样式即在图像的内侧制作立体阴影效果，其对话框与投影对话框相似。

（3）外发光。

"外发光"样式在图层外侧边缘产生发光效果，其对话框如图 6-41 所示。

● 单击图标 ◉□ 选择发光颜色，单击图标 ◉▭▭▭▭ ▼ 可设置渐变的发光效果。

● 消除锯齿：该复选框被选中时，用于消除等高线的锯齿，使之平滑。

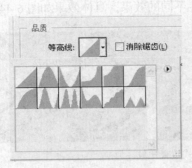
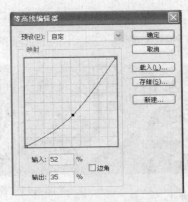

图 6-40（a）等高线列表　　　　　　　　图 6-40（b）等高线编辑器

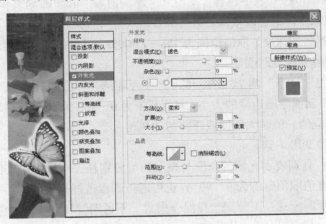

图 6-41 "外发光"样式

（4）内发光。

"内发光"样式在图层的边缘内侧产生发光效果，其对话框如图 6-42 所示。

"源"用于指定内发光的发光位置，其中"居中"是在图层中心位置发光，"边缘"是在图层边缘位置发光。

（5）斜面与浮雕。

"斜面与浮雕"样式在图层的边缘添加一些高光和暗调带，形成立体的斜面效果和浮雕效果，其对话框如图 6- 43 所示。

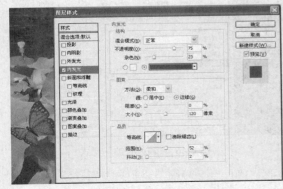
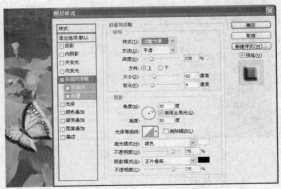

图 6-42 "内发光"样式　　　　　　　　图 6-43 "斜面与浮雕"样式

● 样式：在"样式"下拉列表中包含"外斜面"、"内斜面"、"浮雕效果"、"枕状浮雕"和"描边浮雕"5 种样式效果，选择不同的选项则产生不同的效果，具体效果如图 6-44 ——所示。

图 6-44　各种样式效果比较

● 方法："方法"下拉列表中包含"平滑"、"雕刻清晰"和"雕刻柔和"3 个选项，用于表示斜面和浮雕样式边缘立体的过渡效果。

● 深度：表示浮雕的深度，取值范围为 1%～1 000%，可直接在文本框中输入值，也可通过滑块选择相应值，值越大深度越明显。

● 方向：有"上"、"下"两个选项，表示产生浮雕的光照方向。

● 大小：表示斜面或浮雕边缘的大小，取值范围为 0～250 像素，可直接在文本框中输入值，也可通过滑块选择相应值，值越大斜面或浮雕的边缘越大。

● 软化：将图像变得柔软。

● 角度、高度：分别表示光源的角度与高度，可分别在文本框中输入值，角度值取值范围为-180°～180°，高度值取值范围为 0～90°；也可通过圆盘选择相应值。

● 高光模式、阴影模式：可分别选择混合模式、不透明度和阴影的颜色。

（6）光泽。

"光泽"样式在图层图形形状的边缘用阴影产生特定光亮的效果，其对话框如图 6-45 所示。在对话框中可以设置光的角度、距离和大小等，其中"反相"选项用于改变光泽的方向。

（7）颜色叠加。

"颜色叠加"样式将选定的颜色以某种混合模式来混入到图层，其对话框如图 6-46 所示。在对话框中可设置混合模式、叠加颜色和不透明度 3 个属性。

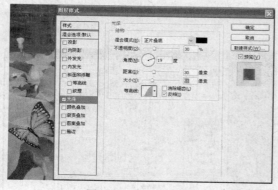

图 6-45　"光泽"样式

图 6-46　"颜色叠加"样式

（8）渐变叠加。

"渐变叠加"样式在叠加时颜色产生渐变的效果，其对话框如图 6-47 所示。在对话框中，"渐变"选项用于选择叠加到图层上的渐变色,"反向"复选框用于改变不同颜色渐变的方向。与工具箱中的渐变效果一样,可以选择渐变的样式,有线性、径向、角度、对称的和菱形等。"与图层对齐"复选框选中时表示渐变效果从图层的左边一直应用到右边。"缩放"表示颜色渐变效果的距离长度,通过滑块来选择数值大小,其取值范围为10%～150%。

（9）图案叠加。

"图案叠加"样式将选定的图案叠加到相应图层上面,产生新的样式效果,其对话框如图6-48所示。其中,在"图案"选项中选择叠加的图案样式。

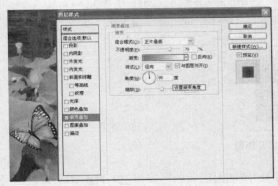
图6-47 "渐变叠加"样式

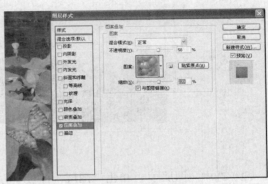
图6-48 "图案叠加"样式

（10）描边。

"描边"样式在图案的边缘添加轮廓线,轮廓线可以是某种颜色、渐变色或图案,其对话框如图6-49所示。

● 大小:表示边缘轮廓线的宽度,取值范围为1～250像素。

● 位置:所描的轮廓在图像边缘的位置,有外部、内部和居中3种位置选择。

● 填充类型:描边时在边缘处用于填充轮廓的效果,有"颜色"、"渐变"和"图案"3个选项,选择"渐变"填充类型时,对话框显示如图6-50所示。其相关设置基本与工具箱中的渐变工具相似,只是这里的颜色渐变只产生在边缘轮廓线的宽度范围内。

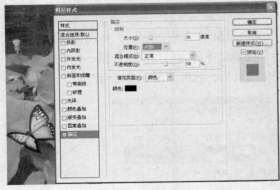
图6-49 "描边"样式

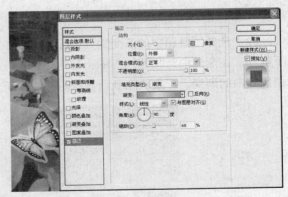
图6-50 "渐变"描边

（二）图层蒙版

图层蒙版在原图层上添加多种特殊的效果,如图层的某些区域部分显示或隐藏,并对原图层不产生影响。图层蒙版选项 位于"图层"面板的下方。图层蒙版中隐藏图像的部分用黑色表示，显示的部分用白色表示，部分显示则是用不同值的灰度色表示。

1. 创建新的图层蒙版

（1）分别打开两幅图像，利用工具箱中的移动工具 将左边图拖到右边图中，并调整两幅图到适当的位置，如图 6-51 所示。

图 6-51　打开图像

（2）选中"图层 1"，单击"图层"面板下方的"添加图层蒙版"按钮 ，此时图层蒙版已经添加并且为白色，表示当前添加蒙版的图层全部显示，如图 6-52 所示。

图 6-52　添加图层蒙版

（3）选择工具箱中的渐变工具 ，选择黑白渐变，类型为"线性渐变"，在图像窗口自上向下拖动。在渐变中，"图层 1"的上部为黑色，被全部隐藏；下部为白色，全部显示；中间部分是由黑到白的渐变，产生从隐藏到显示的一种逐渐变化的效果，效果如图 6-53 所示。

图 6-53　蒙版渐变效果

2．删除已有图层蒙版

要删除已经有的图层蒙版，在"图层"面板中的图层蒙版图标   上单击鼠标右键，如图 6-54 所示，在弹出的快捷菜单中选择"删除图层蒙版"即可将添加的图层蒙版删除，恢复为先前的效果。

图 6-54　删除图层蒙版

（三）创建新的填充或调整图层

1．创建新的填充图层

在当前图层中使用"纯色"、"渐变"或"图案"，并利用图层蒙版产生一种遮罩的填充效果。

（1）在 Photoshop CS4 中打开素材库中的"荷花.JPG"和"蝴蝶 1.JPG"两幅图像，使用工具箱中的移动工具把蝴蝶图像移动到荷花图像中，如图 6-55 所示。

（2）单击选中"图层 1"（蝴蝶图层），使用魔棒工具在蝴蝶以外部分单击，选择"选择"→"反向"命令选取蝴蝶选区，如图 6-56 所示。

图 6-55　打开图像

图 6-56　选取蝴蝶选区

（3）单击"图层"面板下方的"创建新的填充或调整图层"按钮 ⊘.，在弹出的快捷菜单中选择"渐变"，弹出"渐变"填充对话框，如图 6-57 所示，其功能与工具箱中的渐变工具相同，在对话框中进行相应的设置，填充效果如图 6-58 所示。

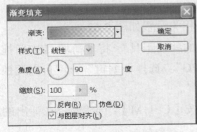

图 6-57　"渐变填充"对话框

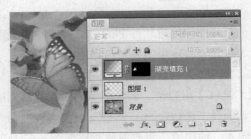

图 6-58　填充后效果

此外，在弹出的快捷菜单中还可选择"纯色"或"图案"选项，打开相应对话框，可选中某种颜色或图案进行填充。

2．调整图层

调整图层即在图层上面增加的一个特别的图层，主要用于对色调和对比度进行调整，而对图层的其他方面不产生任何影响。调整只对在调整图层下方的图层起作用，而上面的图层不起作用，如果某些下面的图层不需要改变则可改变叠放次序，放到调整图层的上方。

（1）选中"图层 1"，单击"图层"面板下面的"创建新的填充图层或调整图层"按钮 ，选择"色相/饱和度"选项，在弹出的对话框中进行相应设置，如图 6-59 所示。

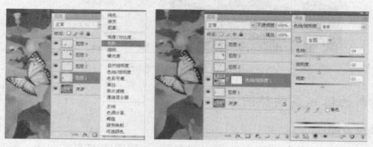

图 6-59　添加调整图层

（2）改变"图层 1"的叠放次序，将其放到调整图层"色相/饱和度 1"的上方，则"图层 1"不会被改变，如图 6-60 所示。

在"图层"面板中的文字"色相/饱和度 1"上单击鼠标右键，在弹出的快捷菜单中选择"删除图层"，在弹出的对话框中选择"确定"按钮，可去掉调整图层，如图 6-61 所示。

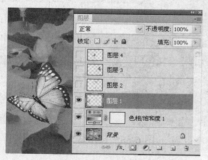

图 6-60　改变图层叠放次序效果

图 6-61　删除调整图层

三、任务实施

（1）打开图像处理软件 Photoshop CS4，新建图像，相关设置如图 6-62 所示。

（2）打开素材库中图片"荷塘.JPG"，使用工具箱中的移动工具 将"荷塘. JPG"拖动到新建图像（"荷花园"房产宣传图）中，关闭图像"荷塘.JPG"。选择"编辑"→"自由变换"命令（或按【Ctrl+T】组合键）调整图像大小并移动到适当位置。

（3）选择"图像"→"调整"→"曲线"命令（或按【Ctrl+M】组合键），在弹出的对话框中修改输入、输出值，修改前后对比如图 6-63 所示。

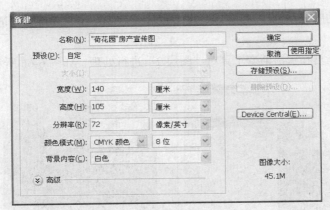

图 6-62　新建图像对话框

图 6-63　修改前后对比图

（4）打开图像"房屋.JPG"，双击"图层"面板中的"背景"图层略缩图，将"背景"图层转换为"图层 0"，运用工具箱中的椭圆选框工具 ⬭ 椭圆选框工具 M 选取相应区域，如图 6-64（a）所示。选择"选择"→"修改"→"羽化"命令（或按【Shift+F6】组合键），弹出"羽化选区"对话框，设置"羽化半径"为 50，如图 6-64（b）所示。然后选择"选择"→"反向"命令，将选区反向选中。选择"编辑"→"清除"命令（或按【Delete】键）删除选中的区域，如图 6-64（c）所示。同样使用魔棒工具选中上方空白区域并删除，如图 6-64（d）所示。

图 6-64（a）　新建椭圆选区

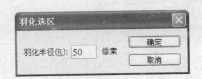

图 6-64（b）　设置羽化

图 6-64（c）　清除选区

图 6-64（d）　使用魔棒工具选中空白区域并删除

127

（5）将修改后的图拖动到"'荷花园'房产宣传图.PSD"中，并调整到适当位置，如图 6-65 所示。

（6）使用蒙版工具和黑白渐变工具对"图层 2"进行处理，如图 6-66 所示。

图 6-65　拖入图像　　　　　　　　　　　　　图 6-66　使用蒙版和渐变工具的效果

（7）打开"荷花.JPG"，使用文字工具 T」输入"荷花园"，并调整位置和大小，如图 6- 67（a）所示。将"背景"图层转换为"图层 0"。按住【Ctrl】键，用鼠标单击文字图层略缩图选中文字，如图 6-67（b）所示。

（8）选择"选择"→"反向"命令，选中"图层 0"，按【Delete】键将"图层 0"中反向选中部分删除，隐藏文字图层"荷花园"，按【Ctrl+D】组合键取消选区，如图 6-67（c）所示。

（9）将"图层 0"拖动到"'荷花园'房产宣传图.psd"图像中并调整适当的位置和大小。

（10）选择"图层 3"，使用图层样式 fx.中的"描边"样式，在对话框中选择大小为 16，颜色 C、M、Y、K 分别设置为 80、50、100、50，效果如图 6-68 所示。

图 6-67（a）　输入文字　　　　　　　　　　　图 6-67（b）　选中文字选区

图 6-67（c）　删除反向选区　　　　　　　　　图 6-68　"描边"样式效果

（11）对"图层 3"使用"斜面和浮雕"样式，在弹出的对话框中设置"深度"为 200%，"方向"为"下"，"大小"为 30 像素，其他为默认值，效果如图 6-69 所示。

（12）对"图层 3"使用"投影"样式，在弹出的对话框中设置"距离"为 30 像素，"扩展"为 30%，"大小"为 100 像素，效果如图 6-70 所示。

图 6-69　"斜面和浮雕"样式效果　　　　　图 6-70　"投影"样式效果

（13）分别打开图像"蝴蝶 1.JPG"、"蝴蝶 2.JPG"和"蝴蝶 3.JPG"。将"蝴蝶 1.JPG"的"背景"图层转化为"图层 0"，使用魔棒工具 选取周围空白选区并删除，如图 6-71 所示。使用移动工具将蝴蝶 1 拖到"'荷花园'房产宣传图.psd"中，创建为"图层 4"，调整其位置与大小。

（14）调整"图层 4"的"不透明度"为 70%，在图层样式中设置"外发光"样式，"大小"为 18 像素，其他为默认值，效果如图 6-72 所示。

图 6-71　删除选区　　　　　图 6-72　"外发光"样式效果

（15）对"蝴蝶 2.JPG"、"蝴蝶 3.JPG"重复步骤（13）、（14）的操作，完成操作，最终效果如图 6-37 所示。

实训项目

实训项目　拼合多个图层制作效果图

1. 实训的目的与要求
学会使用魔棒工具、多边形套索工具、图层变换和色相/饱和度等将多个图层拼合成新的效果图。

2. 实训内容
利用所给素材图 6-73（a）和（b）制作图 6-74 所示的变天效果图。

图 6-73（a）素材 1

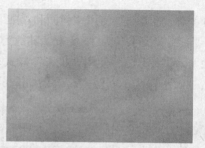

图 6-73（b）素材 2

图 6-74　变天效果图

项目总结

在图像处理过程中经常会使用到图层的相关操作，包括新建图层，复制、删除图层，图层变换，图层蒙版和图层的各种样式等，掌握这些操作是学好 Photoshop 的基础，因此对学习者来说这章是一个重点。通过本项目的实践，读者可以掌握图层的一系列操作知识。

习题

一、填空题

1. 新建图层的快捷键是_____。
2. 复制图层的快捷键是_____。
3. 向下合并图层的快捷键是_____。
4. 合并可见图层的快捷键是_____。
5. 图层自由变换的快捷键是_____。

二、简答题

1. 简述图层混合模式的类型。
2. 简述图层样式的类型。

项目七

路径的使用

【项目目标】

通过本项目的学习，读者基本了解路径工具的使用方法，能够利用路径工具来绘制特殊形状，并利用路径的填充、描边路径以及路径转换成选区方法来进行图像绘制。

【项目重点】

1. 路径的创建
2. 路径的编辑和修改
3. 形状工具
4. "路径"面板
5. 描边路径与填充路径
6. 路径与选区的相互转换
7. 形状图层

【项目任务】

熟练掌握路径工具的使用方法，学会制作儿童画。

任务　绘制儿童画

一、任务分析

从图 7-1 所示任务我们可以看出，绘制儿童画主要需要在新建的空白文档中画上小猪的线条并填上颜色。如果使用选择工具，这些形状比较难绘出，但是如果掌握了 Photoshop 中的路径工具以及对路径进行编辑与修改的方法就可以简单地完成。

图 7-1　绘制儿童画

二、相关知识

首先，我们来了解一下 Photoshop 中关于路径的基础知识，为以后绘制路径打好基础。

（一）路径的基础知识

我们习惯使用选择工具来进行选区的选择，用矩形选框和椭圆选框工具来选择规则选区，用套索、魔棒等工具来建立不规则选区，但是这些选择工具没办法处理一些非常细节的内容。而 Photoshop 引入的路径则可以较好地解决这个问题，它可以用来进行精确的定位和调整，非常适用于不规则选区的选择。

1．什么是路径

在前面的章节中介绍的内容处理的对象都是位图，从前面的学习我们了解到位图都是由像素组成的，因此图像的质量与分辨率有很大的关系。而路径却不同，它是一种矢量工具，使用路径绘制出来的都是矢量图，也称为面向对象的图像或绘图图像，在数学上定义为一系列由线连接的点。矢量图中的图形元素称为对象。每个对象都是一个自成一体的实体，它具有颜色、形状、轮廓、大小和屏幕位置等属性，可以在维持它原有清晰度和弯曲度的同时，多次移动和改变它的属性，而不会影响图例中的其他对象。矢量的绘图同分辨率无关，这意味着矢量图形可以按最高分辨率显示到输出设备上。矢量图形最大的优点是无论放大、缩小或旋转都不会失真，最大的缺点是难以表现色彩层次丰富的逼真图像效果。

而路径就是 Photoshop 提供的一种通过矢量画图的方法绘制形状并进行图像区域选择的方法。

Photoshop 中的路径是根据"贝赛尔曲线"理论进行设计的，贝赛尔曲线上的每个点都有 0～2 个控制柄，控制柄的方向与长度决定了与它所连接的曲线的形状，如图 7-2 所示。通过使用路径，可以在 Photoshop 中更精确、更灵活地勾画图像区域的轮廓。

尽管 Photoshop 是一款位图编辑软件，而路径在图像显示效果中表现为一些不可打印的矢量形状，但是如果需要对绘制效果进行打印，我们可以沿着创建的路径进行填充和描边，还可以将其转换为选区，将其转换为位图，进行更进一步的处理。

2．路径的创建

创建路径的工具主要是钢笔工具，下面我们来看看它的使用方法。

在工具箱中选择钢笔工具 ，会激活"钢笔工具"属性栏，如图 7-3 所示。

形状图层 ：选择这个选项，可使用路径创建工具在图像中创建一个新的形状图层。

图 7-2 路径曲线

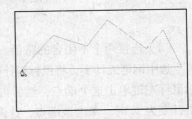

图 7-3 "钢笔工具"属性栏

路径：这是 Photoshop CS4 的默认选项，选择这个选项，可使用路径创建工具绘制出工作路径，本任务主要讲解此选项操作。

填充像素：从图 7-3 可以看出，这是一个灰色选项，即目前不可用，只有在选择形状工具组中工具的情况下，此选项才可以使用。当选择了这个选项，我们在绘制时，既不产生路径，也不产生形状图层，而是在当前图层中创建一个由前景色填充的像素区域。

（1）绘制直线路径。

使用钢笔工具绘制直线路径的步骤如下。

① 选中钢笔工具，在图像窗口的适当位置单击，创建路径起点，如图 7-4（a）所示。

② 移动鼠标指针到所需路径的另一位置处再次单击，即可在两点之间创建一条直线段路径，如图 7-4（b）所示。

③ 重复步骤②的操作，可以创建一条由多条直线段构成的直线路径，直到回到路径的起始处，当鼠标指针变成，单击鼠标左键，完成操作，如图 7-4（c）所示。

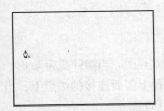

（a）创建直线路径起点

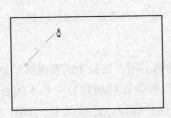

（b）创建直线段

（c）完成创建

图 7-4 绘制直线路径

小技巧

（1）在使用钢笔工具创建路径时，按住【Shift】键，可以按水平、垂直或者 45°方向创建直线段；按【Delete】键，可以删除最近创建的一条线段。

（2）如果需要创建的路径并不需要闭合，可以按住【Ctrl】键单击图像的空白处即可创建不闭合路径。

（2）绘制曲线路径。

① 选中钢笔工具后，创建路径起点，在图像窗口的适当位置按住鼠标左键不放并拖动，可以从起点处拖出一条控制柄，如图 7-5（a）所示。

② 移动鼠标指针到所需路径的另一位置处再次单击并拖动鼠标，创建第 2 个曲线点，松开鼠标，即可在两点之间创建一条曲线段路径，如图 7-5（b）所示。

③ 重复步骤②的操作，可以创建一条由多条曲线段构成的曲线路径，直到回到路径的起始处，

如图 7-5（c）所示。

 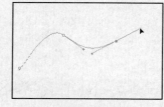 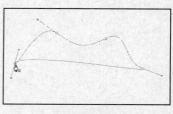

（a）创建曲线路径起点　　　　（b）创建直线段　　　　　　（c）完成创建

图 7-5　绘制曲线路径

（3）不闭合路径的继续绘制。

如果在前面绘制了一个不闭合的路径，在后面的绘图过程中发现这条路径还需要继续绘制，可以选中钢笔工具，将鼠标指针移动到不闭合路径上需要继续绘制的端点上，当指针变为 时单击此端点，然后接着画新的点，就可以在不闭合的路径中继续画路径，如图 7-6 所示。

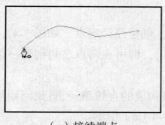 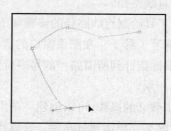

（a）接续端点　　　　　　　　　（b）继续绘制

图 7-6　不闭合路径的继续绘制

（4）连接两个不闭合的路径。

选中钢笔工具，将鼠标指针移动到不闭合路径上需要继续绘制的端点上，当指针变为 时，用鼠标左键单击这个端点，然后再将鼠标指针移动到另一条不闭合路径上需要连接的端点上，当指针变为 时，单击该端点，这两个路径就可以连接起来，如图 7-7 所示。

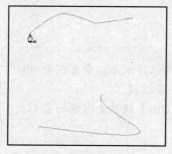 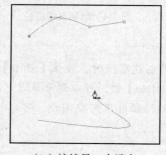

（a）接续一个端点　　　　　（b）接续另一个端点　　　　　（c）完成连接

图 7-7　连接两个不闭合的路经

（5）曲线段后接直线段。

当绘制结束一条曲线段后需要绘制一条直线段，那么只要按住【Alt】键，当鼠标指针变成 时，单击刚刚建立的锚点来删除方向线，然后使用绘制直线段的方法继续绘制即可，如图 7-8 所示。

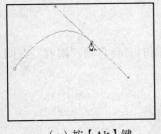
（a）按【Alt】键

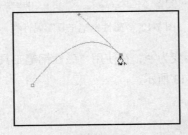
（b）删除方向线

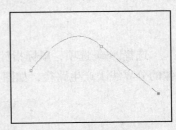
（c）接直线段

图 7-8　曲线段后接直线段

（6）直线段接曲线段。

当绘制结束一条直线段后需要绘制一条曲线段，那么只要按下鼠标左键拖动刚刚建立的锚点，就会伸出控制柄来调节曲线，然后使用绘制曲段的方法继续绘制即可，如图 7-9 所示。

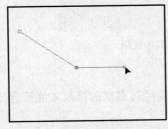
（a）按住鼠标左键拖动锚点

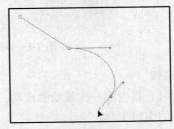
（b）接曲线段

图 7-9　直线段后接曲线段

3. 自由钢笔工具和磁性钢笔工具的使用

从工具箱中的图标我们可以看出，钢笔工具其实是一个工具组，按住"钢笔工具"按钮 不放，将显示图 7-10 所示的工具列表，其中包括了路径创建工具——钢笔工具和自由钢笔工具，路径编辑工具——添加锚点工具、删除锚点工具和转换点工具。

我们先来看看自由钢笔工具。

使用自由钢笔工具 可以像使用真正的钢笔一样在图像上涂画，只要直接按住鼠标左键在绘图文件上按照需要的路线拖动，就可以产生路径，如图 7-11 所示。

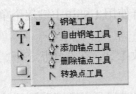

图 7-10　钢笔工具组

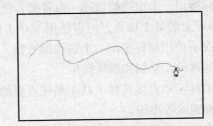

图 7-11　自由钢笔工具的使用

再来看看磁性钢笔工具。

在选择了自由钢笔工具 后或者单击"钢笔工具"属性栏上的 按钮，"钢笔工具"属性栏中会发生变化，如图 7-12 所示。

图 7-12 "磁性钢笔工具"属性栏

选择□磁性的 选项，鼠标指针会变为 ◊，在使用"磁性钢笔工具"绘制时，会自动"附着"在图像的分界线上产生路径，如图 7-13 所示。

图 7-13 磁性钢笔工具的使用

4．路径的编辑

在绘制路径时，很少能一次就绘制成功，往往需要经过多次的修改才能符合要求，这时我们就需要使用路径的编辑工具。

（1）选择路径。

要想对路径进行编辑修改，首先要选中它。路径怎么来选择？我们使用路径选择工具 和直接选择工具 。

选中路径选择工具 ，可激活工具属性栏，如图 7-14 所示；直接选择工具没有选项。

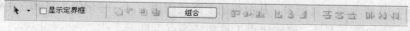

图 7-14 "路径选择工具"属性栏

选择路径的具体操作步骤如下。

① 选择某一条路径，可以使用 单击所需路径。如果需要选择多条路径，可以在选择 的情况下使用鼠标拖出一个虚线框选择，或者配合使用【Shift】键逐个单击所需路径。

② 选择路径上的某个锚点，可以使用 单击所需选择的锚点，如果需要选择多个，则可以在选择 的情况下使用鼠标拖出一个虚线框选择，或者配合使用【Shift】键逐个单击所需锚点。

（2）路径的移动、复制和删除操作。

路径选择工具 和直接选择工具 是很重要的路径修改工具，在选择状态下，可以进行路径的移动、复制和删除等操作。

只要选择了路径上所有的锚点，然后拖动路径到新的位置就可以实现路径的移动。

在选中路径的情况下，按下【Alt】键，鼠标指针旁出现"+"，拖动路径就可以实现路径的复制。

在选中路径的情况下，按下【Delete】键，就可以删除路径。

（3）路径的调整。

使用直接选择工具 选择了锚点，我们就可以对路径进行调整了。

移动选择的锚点，如图 7-15 所示。

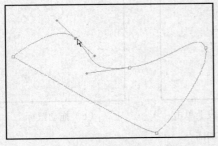
（a）选中锚点

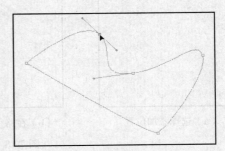
（b）移动锚点

图 7-15　移动选择的锚点

移动线段，如图 7-16 所示。

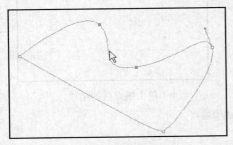
（a）选中线段

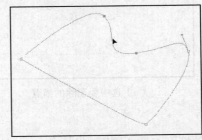
（b）移动线段

图 7-16　移动选择的线段

移动方向线，如图 7-17 所示。

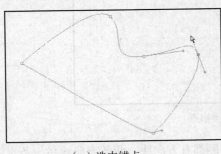
（a）选中锚点

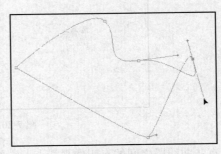
（b）移动方向线

图 7-17　移动方向线

（4）添加锚点工具与删除锚点工具。

使用添加锚点工具与删除锚点工具在路径上增加锚点与减少锚点，可以使得路径的绘制更为完美。具体操作如下。

① 增加锚点，选择 [图]，在路径线段上单击，即可增加锚点但并不改变线段的形状；如果在路径线段上单击并拖动鼠标，可以增加一个用于修改线段形状的点，如图 7-18 所示。

② 减少锚点，可以使用 [图] 单击所需删除的锚点，Photoshop 将会删除该锚点，并重新调整剩余的线段和锚点，如图 7-19 所示。

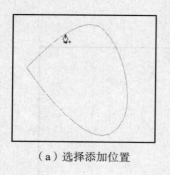

（a）选择添加位置

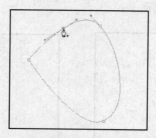

（b）在路径线段上单击

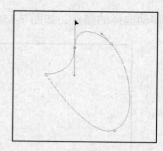

（c）拖动鼠标

图 7-18　增加锚点

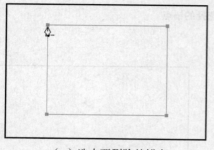

（a）选中要删除的锚点

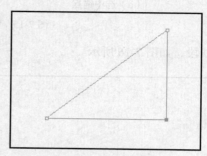

（b）单击锚点后的结果

图 7-19　减少锚点

（5）转换点工具的使用。

根据方向点和方向线的不同，锚点可以分为平滑点、角点和拐点 3 类，如图 7-20 所示。

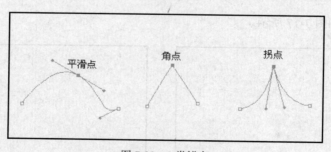

图 7-20　3 类锚点

平滑点：曲线段之间的点叫做平滑点，它的两侧都有方向线，两条方向线在一条直线上，当拖动其中的一条方向线时，另一条随之做对称运动。

角点：直线段之间的点叫做角点，它没有方向线。

拐点：拐点也有两根方向线，但这两条方向线是相互独立的，调节拖动其中的一条方向线，另一条不受影响，当然通过拐点相连的曲线段也不会受到影响。

使用转换点工具 可以进行平滑点、角点和拐点之间的转换，从而改变路径的形状。

① 平滑点转换为角点。选择转换点工具，单击平滑点，平滑点将转换为角点，如图 7-21 所示。

② 平滑点转换为拐点。选择转换点工具，拖动平滑点上的一个控制柄，平滑点将转换为拐点，如图 7-22 所示。

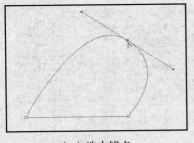

（a）选中锚点

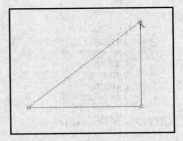

（b）单击转换

图 7-21 平滑点转换为角点

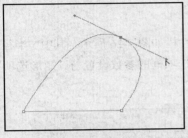

（a）拖动控制点

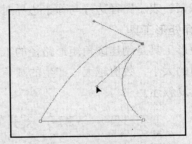

（b）完成转换

图 7-22 平滑点转换为拐点

③ 角点转换为平滑点。选择转换点工具，按住角点不放拖动，角点将转换为平滑点，如图 7-23 所示。

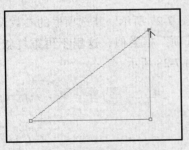

（a）按住角点

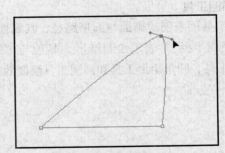

（b）拖动控制点

图 7-23 角点转换为平滑点

（二）形状工具

形状工具也是创建路径的方法中常用的一种，按住工具箱中的"形状工具"按钮█不放，就会弹出图 7-24 所示的工具列表供我们使用。

1. 矩形工具

矩形工具是创建矩形路径的工具，在"矩形工具"属性栏中，单击路径工具组右侧的按钮，会弹出图 7-25 所示的"矩形选项"框，对其进行参数设置，可以绘制需要的矩形路径。

不受约束：这是默认选项，表示可以通过拖动鼠标自由创建任意长宽比的路径。

方形：选择此项，表示绘制的是正方形。

固定大小：在"固定大小"后的文本框中输入 W 和 H 值，将以设置的 W 和 H 值绘制路径。

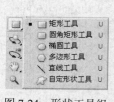

图 7-24 形状工具组

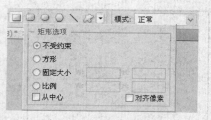

图 7-25 "矩形选项"框

比例：在"比例"后的文本框中输入 W 和 H 值，将以设置的 W 和 H 的比值绘制路径。

从中心：表示拖动绘制时，以鼠标指针为中心绘制。

对齐像素：表示路径边缘与像素边界对齐。

2. 圆角矩形工具

圆角矩形工具是创建圆角矩形路径的工具，其属性栏如图 7-26 所示，其中"半径"文本框用来设置圆角的大小，数值越大，产生的圆角越明显；选项框的参数设置与"矩形选项"框类似，这里不再重复叙述。

图 7-26 "圆角矩形工具"属性栏

3. 椭圆工具

椭圆工具用来创建椭圆与圆形路径，其属性栏如图 7-27 所示。其选项框的参数设置中"圆（绘制直径或半径）"表示绘制圆形，其他与"矩形选项"框类似，这里不再重复叙述。

矩形工具、圆角矩形工具和椭圆工具绘制效果如图 7-28 所示。

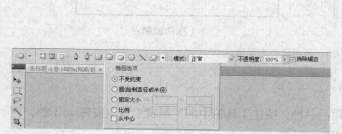

图 7-27 "椭圆工具"属性栏

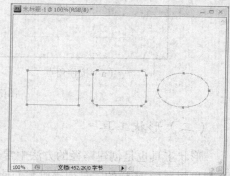

图 7-28 3 种工具绘制效果图

> 按住【Shift】键不放，也可绘制正方形、圆形等路径；按住【Alt】键，可以从中心点绘制路径；按下【Space】键，可以移动正在绘制的路径。

4. 多边形工具

多边形工具用于创建多种多边形路径，其属性栏如图 7-29 所示。

图 7-29 "多边形工具"属性栏

在属性栏和"多边形选项"框中，各参数含义如下。

边：设置多边形的边数。

半径：设置多边形中心与外部点之间的距离。

平滑拐角：设置多边形的圆角。

星形：当选择此选项时，可以绘制星形，并且下面两个灰显的选项将可用。

缩进边依据：可以设置星形的形状与尖锐程度，以百分比方式设置内、外径比例。

平滑缩进：将星形缩进的角设为圆角。

多边形工具绘制效果如图 7-30（a）所示。

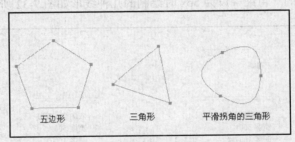

图 7-30（a） 多边形绘制效果

当选择"星形"复选框，边数为 5 时，设置了各种选项时的绘制效果，如图 7-30（b）所示。

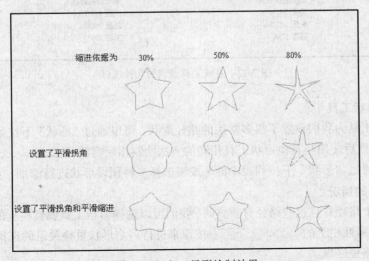

图 7-30（b） 星形绘制效果

5. 直线工具

直线工具可以用于绘制直线形状并且可以设置箭头及线的粗细，其属性栏如图 7-31 所示。

图 7-31　"直线工具"属性栏

在属性栏和"箭头"框中，各参数含义如下。

粗细：设置线条的宽度。

起点：在起点处设置箭头。

终点：在终点处设置箭头。

宽度：设置箭头宽度对于线条宽度的比例，单位为%。

长度：设置箭头长度对于线条宽度的比例，单位为%。

凹度：设置箭头凹入的程度，单位为%。

使用直线工具，线的"粗细"设为 5px 时绘制的几种线形如图 7-32 所示。

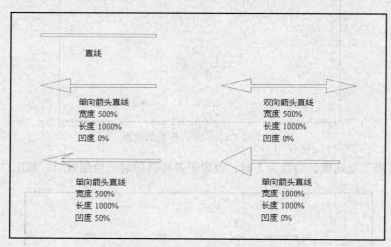

图 7-32　直线工具绘制的几种线形

6．自定义形状工具

自定义形状工具为我们设置了很多常用的路径形状，可以通过"形状"下拉列表框进行选择，如图 7-33 所示，然后使用与其他形状工具相同的方法绘制出所需路径。

我们还可以通过"形状"下拉列表中的 ▶ 按钮选择多种预设形状进行添加，如图 7-34 所示。

7．路径重叠的情况

当绘制了多个路径并且这些路径有重叠时，我们可以选择形状工具属性栏上的 ▫▫▫▫ 或者"路径选择工具"属性栏上的 ▫▫▫▫ 组合 按钮来进行多个形状重叠关系的选择。

▫：添加到路径区域。

▫：从路径区域减去。

▫：交叉路径区域。

▫：重叠路径区域除外。

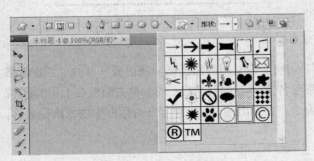

图 7-33 "形状"下拉列表　　　　　　　　图 7-34 预设形状

图 7-35 列举了几种形状重叠关系的效果。

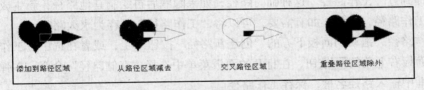

图 7-35 几种路径重叠的效果

（三）"路径"面板

前面提到过路径在图像显示效果中表现为一些不可打印的矢量形状，因此编辑路径时，一般都需要配合使用"路径"面板。

选择"窗口"→"路径"命令，可以调出 "路径"面板，如图 7-36 所示。

1．创建新路径

创建新路径的方法有以下两种。

（1）使用前面介绍的钢笔工具和形状工具绘制。使用这种方法将在面板上产生一个临时的"工作路径"。

（2）使用"路径"面板上的"创建新路径"按钮，在"路径"面板上就会出现新的路径名，比如"路径 1"，然后再使用钢笔工具、形状工具和路径选择工具等进行绘制和修改。如果在单击"创建新路径"按钮的同时按【Alt】键，或者单击面板右上角的 按钮，在打开的面板菜单中选择"新建路径"命令，可以打开"新建路径"对话框，可以为新建的路径命名，如图 7-37 所示。

2．删除、复制、重命名、存储和对齐路径

（1）删除路径。

与"图层"面板类似，路径的删除操作只需将所需删除的路径拖动到面板下方的"删除路径"按钮 上。也可以选择所需删除的路径，单击"删除路径"按钮 ；或者按【Delete】键；或者

单击面板右上角的 ▄ 按钮，在打开的面板菜单中选择"删除路径"命令，将路径删除。

图 7-36 "路径"面板

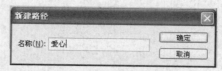

图 7-37 "新建路径"对话框

（2）复制路径。

与"图层"面板类似，路径的复制操作只需将所需复制的路径拖动到面板下方的"创建新路径"按钮 ▄ 上，生成一个名为"所需复制的路径名 副本"的新路径；或者单击面板右上角的 ▄ 按钮，在打开的面板菜单中选择"复制路径"命令，在弹出的"复制路径"对话框中输入路径名称，复制路径。

（3）重命名路径。

双击"路径"面板上的路径名称，在光标处输入新的路径名，对路径进行重命名。

（4）存储路径。

在前面提到过"工作路径"这种临时路径，如果隐藏后再绘制其他路径，新生成的工作路径会覆盖当前工作路径，因此，如有需要，可以将"工作路径"保存为永久路径。

将"工作路径"拖动到面板下方的"创建新路径"按钮 ▄ 上；或者在选中"工作路径"的情况下，单击面板右上角的 ▄ 按钮，在打开的面板菜单中选择"存储路径"命令，在弹出的"存储路径"对话框中输入路径名称，保存工作路径。

（5）对齐路径。

在图 7-14 所示的"路径选择工具"属性栏中，我们看到了一些灰显按钮，如 ▄，这些按钮什么时候可用呢？

当一个路径名中绘制有多个路径时，可以通过这些按钮对路径进行排列对齐。

当选择了两个路径时，前 6 个按钮可用，如图 7-38 所示。

图 7-38 选择两个路径的情况

当选择了 3 个路径或 3 个以上路径时，这 12 个按钮都可用，如图 7-39 所示。

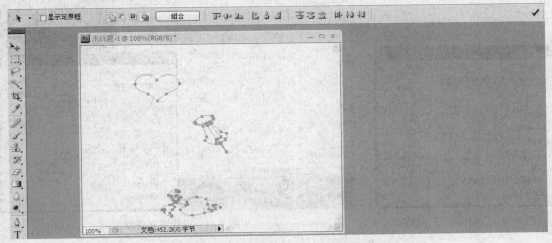

图 7-39　选择 3 个或 3 个以上路径的情况

通过选择这些对齐、分布按钮，可以对所选路径进行表 7-1 所示的操作。

表 7-1　　　　　　　　　　　　　　　对齐、分布按钮

对 齐		分 布	
	顶对齐		按顶分布
	垂直中齐		垂直居中分布
	底对齐		按底分布
	左对齐		按左分布
	水平中齐		水平居中分布
	右对齐		按右分布

3．填充与描边路径

用路径工具绘制的矢量路径在图层中是无法显示打印的，需要使用填充或者描边命令将矢量图形转化为像素。

（1）用前景色填充路径。

在创建的路径中，可以给路径填充颜色。单击"路径"面板下方的"用前景色填充路径"按钮 ，可以对路径填充颜色。

如果需要填充图案等其他效果，操作步骤如下。

① 在"路径"面板上选择要填充的路径。

② 按住【Alt】键的同时单击面板下方的"用前景色填充路径"按钮 ，或者单击面板右上角的 按钮，在打开的面板菜单中选择"填充路径"命令，会弹出"填充路径"对话框，如图 7-40 所示。

③ 在"使用"下拉列表中选择"图案"，并在下面的"自定图案"中选择所需图案，还可以为填充的路径设置一定的混合模式、不透明度和羽化半径，如图 7-41 所示。

④ 单击"确定"按钮，填充效果如图 7-42 所示。

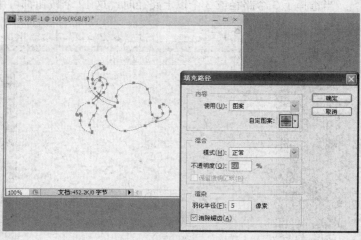

图 7-40　"填充路径"对话框　　　　　　　　　图 7-41　设置填充内容

（2）用画笔描边路径。

我们还可以使用各种画图工具，用前景色描边路径。

选好需要进行描边的画图工具，比如画笔工具、铅笔工具等，对此选中的工具进行笔尖形状、颜色、填充模式、不透明度和流量等一系列设置，然后单击"路径"面板下方的"用前景色描边路径"按钮，就可以给路径描边，如图 7-43 所示。

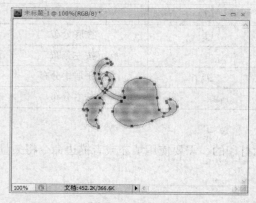
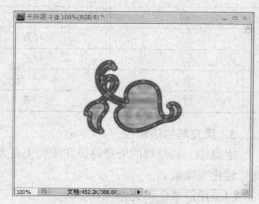

图 7-42　填充效果　　　　　　　　　　　　　　图 7-43　描边路径

我们还可以使用如下方法描边路径。

① 设置好所需描边工具。

② 单击"路径"面板右上角的　按钮，在打开的面板菜单中选择"描边路径"命令，会弹出"描边路径"对话框。

③ 在对话框中选择需要的描边，并设置"模拟压力"，如图 7-44 所示。

④ 单击"确定"按钮，描边结果如图 7-45 所示。

4．路径与选区的相互转换

如果需要给绘制的路径填充比如渐变等这一类内容时，使用"填充路径"命令就不能实现了，这时我们可以把路径转换成选区，然后再实现渐变填充。

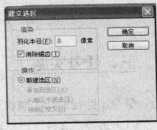

图 7-44 "描边路径"对话框　　　　　　图 7-45 描边结果

（1）路径转换成选区。

单击"路径"面板下方的"将路径转化为选区"按钮，可以直接将路径转换成选区。也可以单击的同时按【Alt】键或者单击面板右上角的按钮，在打开的面板菜单中选择"建立选区"命令，会弹出"建立选区"对话框，如图 7-46 所示，在其中设置"羽化半径"等参数后生成选区。

图 7-47 所示为路径转换为选区并填充渐变颜色后的效果。

图 7-46 "建立选区"对话框

图 7-47 路径转换为选区并填充渐变颜色后的效果图

（2）选区转换成路径。

我们还可以把已经形成的选区转换为路径，以供使用。只需要单击"路径"面板下方的"将选区转化为路径"按钮，可以直接将选择的选区转换成路径。

5. 显示和隐藏路径

路径虽然无法打印，但是在选中的情况下会一直显示在屏幕上，有些路径可能在绘制过程中暂时不需要了，我们可以把它隐藏起来，等需要使用时再显示。

在"路径"面板中选择某路径，就可以显示其路径。如果需要隐藏它，只需要在"路径"面板的灰色区域中单击或者按住【Shift】键的同时单击需要隐藏的路径名即可。

（四）形状图层

在前面介绍的使用矢量工具绘图中，主要讲解了选择路径来绘制，下面来说说矢量图层。

当选择矢量绘制工具绘图时，如果选择，则绘制时，在"图层"面板中就会出现形状图层，如图 7-48 所示。

如果需要改变形状图层的填充颜色，可以选择"图层"→"图层内容选项"命令或者双击 ▉，在拾色器中进行选择就可以了。

如果需要改变形状图层的轮廓，首先在"图层"面板中选择矢量蒙版图层缩略图，然后使用路径编辑工具进行修改就可以了。

矢量图层是无法使用滤镜等命令产生多样的特殊效果的，我们可以使用"图层"→"栅格化"→"形状"命令将其转化成普通图层，再进行相应的操作，如图 7-49 所示。

图 7-48　形状图层

图 7-49　栅格化

三、任务实施

学习了路径的相关知识后，我们开始绘制儿童画。

（1）选择"文件"→"新建"命令，打开"新建"对话框，"预设"选择"默认 Photoshop 大小"，"背景内容"选择"白色"，新建文件"绘制儿童画"。

（2）在"路径"面板中，选择 ▫，新建"路径 1"。

（3）选择钢笔工具，在新建的文件中绘制图 7-50 所示路径。

（4）使用直接选择工具、添加锚点工具、删除锚点工具以及转换点工具对路径轮廓进行调整，调整后的效果如图 7-51 所示。

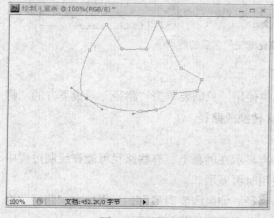

图 7-50　绘制轮廓

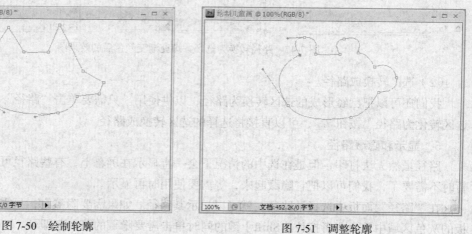

图 7-51　调整轮廓

（5）设置前景色 R、G、B 值分别为 243、211、238。

（6）新建"图层 1"，选择 ◉，用前景色填充路径，如图 7-52 所示。

（7）新建"路径 2"，绘制身体，如图 7-53 所示。

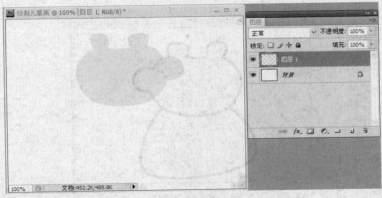

图 7-52 填充路径

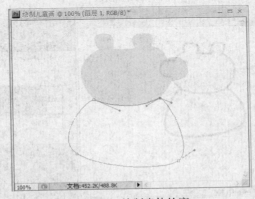

图 7-53 绘制身体轮廓

（8）新建"图层 2"，选择 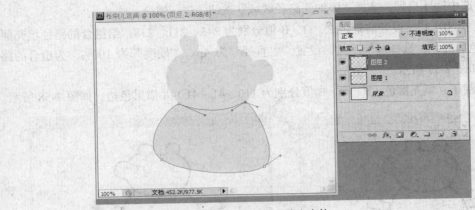，用前景色填充路径，如图 7-54 所示。

图 7-54 填充身体

（9）设置前景色为黑色，选择画笔工具，设置"主直径"为 5px，"硬度"为 100%。

（10）选中"路径 1"和"路径 2"，单击 ○ 按钮，在"图层 1"和"图层 2"中给身体和头的轮廓描边，如图 7-55 所示。

（11）配合使用【Shift】键同时选中两个图层，使用快捷键【Ctrl+T】调整图的大小，并调整到合适的位置，如图 7-56 所示。

图 7-55　描边

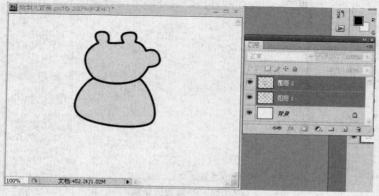

图 7-56　调整大小并调整位置

（12）以同样的方法绘制出 4 只脚。

（13）同时选中这 4 只脚，选择"添加到路径区域"按钮 进行组合。

（14）新建"图层 3"，设置前景色 R、G、B 值分别为 243、211、238，给组合的路径填充颜色。设置前景色为黑色，选择画笔工具，设置"主直径"为 4px，"硬度"为 100%，为组合的路径描边，效果如图 7-57 所示。

（15）画出蹄子，填充褐色（R、G、B 值分别为 110、41、41）并描黑色边，如图 7-58 所示。

图 7-57　绘制出 4 只脚

图 7-58　画出蹄子

（16）画出大鼻子，设置前景色 R、G、B 值分别为 212、180、207，填充并以黑色描边，如图 7-59 所示。

（17）选择椭圆工具，在工具属性栏中选择"填充像素"，绘制出两个大鼻孔和两只眼睛，如图 7-60 所示。

图 7-59　画出鼻子

图 7-60　画出眼睛和鼻孔

（18）使用钢笔工具画出眉毛、嘴和尾巴，选择画笔工具在新的图层中用黑色描边，如图 7-61 所示。

图 7-61　画出眉毛、眼睛和尾巴

（19）选择椭圆工具给小猪画上腮红，最终效果如图 7-1 所示。

实训项目

实训项目　绘制风景画

1．实训的目的与要求

学会使用路径的创建、修改等工具，熟练地使用这些工具绘制风景画。

2．实训内容

制作出图 7-62 所示的效果。

图 7-62　实训项目

项目总结

在 Photoshop 中，当选择工具无法处理一些非常细节的内容时，路径工具可以很好地解决这类问题，它适用于不规则、使用其他工具难以选择的区域，用于精确定位和调整。通过本项目的实践，读者可以掌握路径的各种操作知识。

习题

一、选择题

1. 下列（　　）不能创建路径。

    A. 使用钢笔工具　　　　　　　　　　B. 使用自由钢笔工具

    C. 使用添加锚点工具　　　　　　　　D. 先建立选区，再将其转化为路径

2. （　　）可以在路径上添加和减少锚点。

    A. 转换点工具　　　　　　　　　　　B. 移动工具

    C. 直接选择工具　　　　　　　　　　D. 钢笔工具

3. 通过下面（　　）的方法可以将一个图像上的路径移动到另一个图像上使用。

    A. 查看路径　　　B. 复制路径　　　C. 重命名路径　　　D. 剪贴路径

二、判断题

1. 路径其实就是一条线段，可以打印出来。　　　　　　　　　　　　　　（　　）

2. 创建的路径既可以是开放式的，也可以是封闭式的。　　　　　　　　　（　　）

3. 路径可以转换成选区，但是选区不可以转换成路径。　　　　　　　　　（　　）

三、问答题

1. 什么是路径？路径的作用是什么？

2. 如何进行路径的填充与描边？

项目八

文字的使用

【项目目标】

通过本项目的学习，读者基本了解图像中文字的使用方法，熟悉文字输入的基本方法，能够进行文字的编辑及各种效果的实现。

【项目重点】

1. 文字的输入方法
2. 点文本与段落文本的输入
3. 文字蒙版的创建
4. 文字路径的效果实现
5. 文字的变形与栅格化的效果实现

【项目任务】

熟练掌握文字工具的使用方法，学会制作带四季图的文字效果。

任务　四季图的文字效果

一、任务分析

从图 8-1 所示任务我们可以看出，四季图的文字效果处理起来不复杂，只要通过对已有图像录入文字并加上适当的效果就可以完成制作。但是，要想实现对该图像文字的制作，需要了解 Photoshop 中文字的输入方法以及相关知识。

二、相关知识

文字有时候在广告宣传等图像中是必不可少的，Photoshop 中就提供了在图像中编辑文字的工具。在 Photoshop 中，文字是一种特殊的结构，由像素组成，并且具有和当前图像相同的分辨率，因此将图像放大时，文字会产生锯齿状边缘。在 Photoshop 中，文字是作为单独的图层存在的。

图 8-1　四季图的文字效果

（一）输入文字

单击工具箱中的文字工具 T，菜单栏的下方就会出现文字工具的属性栏，如图 8-2 所示。通过改变文字的字体、大小和颜色等各项属性来完成文字的输入和编辑。

图 8-2　"文字工具"属性栏

"文字工具"属性栏中各参数的含义如下。

T：单击此按钮，可以在文字的水平或垂直方向进行互动切换。

宋体：在该下拉列表中可以选择输入文字的字体。

- ：在该下拉列表中可以选择输入文字的字型。该选项只有在英文状态下才有效，它包含"常规"、"斜体"、"加粗"和"粗斜体"4 个选项。

T 72点：在该下拉列表中可以选择输入字体的大小，也可直接在文本框中输入字体大小的数值。

aa 锐利：在该下拉列表中可选择消除锯齿的方法，其中包括"无"、"锐利"、"犀利"、"浑厚"和"平滑"5 个选项。

　：该组按钮可用来设置输入文本的对齐方式。选择横排文字工具时，从左至右分别为左对齐文本、居中对齐文本和右对齐文本；选择直排文字工具时，从左至右分别为顶对齐文本、居中对齐文本和底对齐文本。

■：单击此图标，在弹出的"拾色器"对话框中可以设置需要的字体颜色。

：单击此按钮，在弹出的"变形文字"对话框中可以设置文字的变形效果。

⊘：单击此按钮，取消刚才的输入或修改操作。

✓：单击此按钮，确认刚才的输入或修改操作。

Photoshop 为我们提供了 4 种创建文字的工具，如图 8-3 所示。

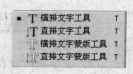

单击工具箱中的"横排文字工具"按钮 T，然后在图像中单击，可输入水平方向（横向）的文字，效果如图 8-4 所示。

图 8-3　文字工具组

单击工具箱的"直排文字工具"按钮 T，然后在图像中单击，可输入垂直方向（纵向）的文字，效果如图 8-5 所示。

图 8-4　输入横排文字　　　　　　　　　　图 8-5　输入直排文字

创建文字蒙版是指在 Photoshop 工具箱中单击"横排文字蒙版"按钮 T 或"直排文字蒙版"按钮 T 时，创建一个文字形状的选区。文字选区出现在现有图层中，可以像任何其他选区一样对其进行移动、复制、填充或描边。

单击工具箱中的"横排文字蒙版工具"按钮 T，然后在图像中单击，可创建水平方向（横向）的文字选区，效果如图 8-6 所示。

单击工具箱的"直排文字蒙版工具"按钮 T，然后在图像中单击，可创建垂直方向（纵向）的文字选区，效果如图 8-7 所示。

图 8-6　创建横排文字蒙版　　　　　　　　图 8-7　创建直排文字蒙版

（二）点文字和段落文字

点文字是一种常用的、不会自动换行的文字，一般用于输入标题、名称及简短的广告语等。具体输入方法为，单击工具箱中的"横排文字工具"按钮 T 或"直排文字工具"按钮 T，然后在图像中需要输入文字的位置单击，如图 8-8 所示，当出现闪烁的光标时输入文字，即可得到点文字，效果如图 8-9 所示。点文字每行文字都是独立的，可以随意增加或缩短行的长度，但是不能对其进行换行操作。

段落文字是在文本框中创建的，根据文本框的尺寸进行自动换行，一般用于在画册、杂志和报纸中输入文字。具体输入方法为，单击工具相中的"横排文字工具"按钮 T 或"直排文字工具"按钮 T，在图像窗口中按住鼠标左键拖动形成一个段落文本框，当出现闪烁的光标时输入文字，即可得到段落文字，效果如图 8-10 所示。

图 8-8　闪烁的光标

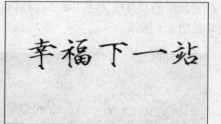

图 8-9　输入点文字的效果

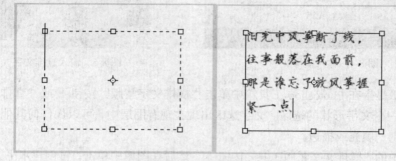

图 8-10　输入段落文字效果

与点文字不同，段落文字可设置多种对齐方式，还可以通过调整矩形框使文字倾斜排列或是改变字体的大小变化等。移动鼠标指针到段落文本框的控制点上，当鼠标指针变成形状时，拖动鼠标可以很方便地调整段落文本框的大小，效果如图 8-11 所示；当鼠标指针变成形状时，可以对段落文字进行旋转，如图 8-12 所示。

图 8-11　调整文本框的大小

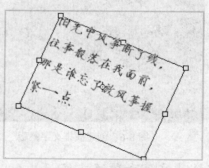

图 8-12　旋转文本框

（三）创建文字路径

在 Photoshop 中编辑文本时，可以用钢笔或是形状工具创建工作路径，在其边缘输入文字。沿路径输入文字时，文字会顺着路径中锚点添加的方向排列。

具体操作步骤如下。

（1）单击工具箱中的"钢笔工具"按钮，其属性栏设置如图 8-13 所示。

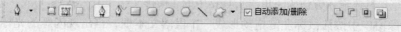

图 8-13　"钢笔工具"属性栏

（2）在图像中需要添加路径文字的位置绘制所需的路径，如图 8-14 所示。

（3）单击工具箱中的"横排文字工具"按钮 T，将鼠标指针放在路径上，此时鼠标指针将变成 I，单击鼠标左键，光标将会如图 8-15 所示闪烁。

图 8-14　绘制的路径

图 8-15　输入路径文字时的光标

（4）输入文字，文字将会自动沿所创建的路径排列，效果如图 8-16 所示。

（5）利用工具箱中的调整路径工具对路径进行修改，路径上的文字也会随着路径的变化而变化，图 8-17 所示为改变锚点后的效果。

图 8-16　输入路径文字的效果

图 8-17　改变锚点后的效果

（四）文字的变形

在 Photoshop 中提供了 15 种变形文字样式，利用这些样式可以对文本图层进行各种形式的弯曲与变形操作，如扇形、旗帜、拱形、凸起和扭转等。

选择需要变形的文字，然后单击"文字工具"属性栏中的"创建文字变形"按钮 工 或选择"图层"→"文字"→"文字变形"命令，弹出"变形文字"对话框，如图 8-18 所示，在其中可选择各种文字的变形样式。

以创建"扇形"变形文字为例，具体操作如下。

（1）单击工具箱中的"横排文字工具"按钮 T，输入需要变形的文字，如图 8-19 所示。

（2）在 样式(S): 下拉列表中选择"扇形"样

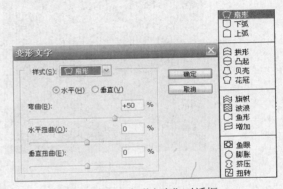
图 8-18　"变形文字"对话框

式，然后选中 ⊙水平(H) 单选按钮，可以将变形的方向设置为水平方向；选中 ⊙垂直(V) 单选按钮可以将变形的方向设置为垂直方向。

（3）在 弯曲(B): 文本框中输入数值，可调整文字变形的弯曲程度，数值越大，弯曲幅度越大；在 水平扭曲(O): 文本框中输入数值，可设置文本的水平方向的弯曲程度；在 垂直扭曲(E): 文本框中输入数值，可设置文字在垂直方向的弯曲程度。

（4）在对话框中设置好参数后单击 [确定] 按钮，即可对当前文本图层运用变形样式效果，如图 8-20 所示。

图 8-19　输入横排文字

图 8-20　为文字添加扇形变形样式的效果

文字的多种变形效果如图 8-21 中所示。

扇形

下弧

上弧

拱形

图 8-21　文字的各种变形效果

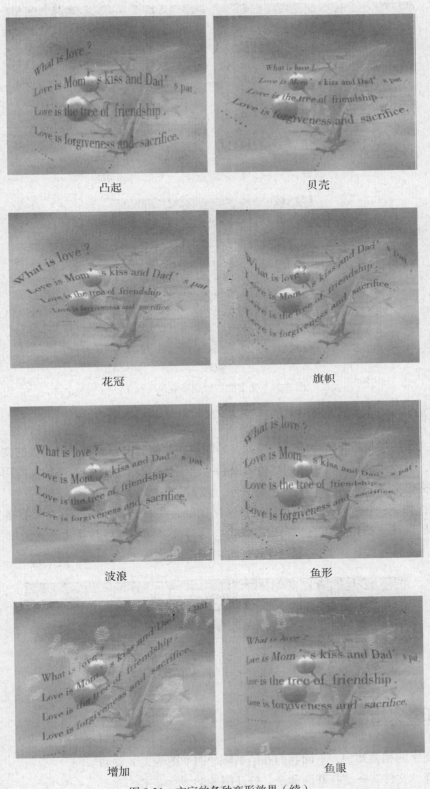

图 8-21 文字的各种变形效果（续）

膨胀　　　　　　　　　　　　　　　挤压

扭转

图 8-21　文字的各种变形效果（续）

（五）栅格化

栅格化文字图层是指将文字图层转换为普通图层，并使其内容成为不可编辑的文本。因为在文字状态下，某些命令和工具（例如滤镜效果和绘画工具）等不能使用，必须在应用命令或使用工具之前栅格化文字。

具体操作如下：在"图层"面板中选择文字图层，然后选择"图层"→"栅格化"→"文字"或"图层"→"栅格化"→"图层"命令，这样文字图层就可转换为普通图层，如图 8-22所示。

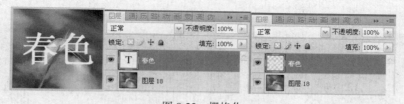

图 8-22　栅格化

三、任务实施

学习了文字的相关知识，下面我们开始制作"四季图的文字效果"。

（1）选择"文件"→"打开"命令，打开图 8-23 所示文档。

（2）单击工具箱中"钢笔工具"按钮 ，在图中绘制所需要的路径，如图 8-24 所示。

图 8-23 打开文档

图 8-24 绘制路径

（3）单击工具箱中的"横排文字工具"按钮 T，设置文字颜色为白色，字体为"Monotype Corsiva"，字体大小为 36 点，当鼠标指针变成 ⟂ 时，单击路径输入文字"The four Season"，效果如图 8-25 所示。

图 8-25 输入文字

（4）单击"图层"面板上的 fx 按钮，设置文字的投影、发光、渐变、斜面与浮雕等样式，如图 8-26～图 8-29 所示，效果如图 8-30 所示。

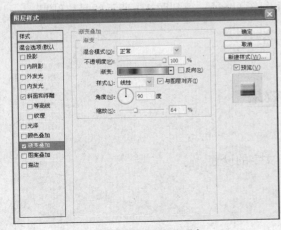

图 8-26 设置渐变叠加

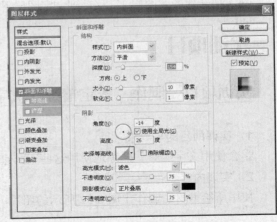

图 8-27 设置斜面与浮雕

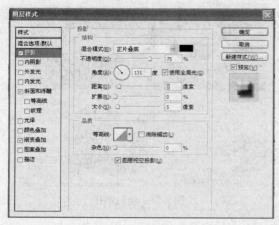

图 8-28 设置投影　　　　　　　　　　　　图 8-29 设置外发光

（5）新建一个图层，设置画笔为，颜色 R、G、B 值分别为 254、250、139，单击"路径"面板中 ○ 按钮，为曲线路径描边，效果如图 8-31 所示。

图 8-30 设置后的效果　　　　　　　　　　图 8-31 描边后的效果

（6）把新建的"图层 1"移动到文字图层下面并隐藏路径，得到图 8-1 所示的最终结果。

实训项目

实训项目　制作"戒定情缘"文字效果

1. 实训的目的与要求
学会使用文字工具，熟练地使用这些工具进行文字的设置。

2. 实训内容
使用所给素材，制作出图 8-32 所示的照片。

图 8-32　实训项目

项目总结

通过本章的学习，希望用户能掌握文本的输入方法、完成对文字的修饰，能够熟练灵活地运用文字工具制作出特殊的文字效果。

习题

一、选择题

1. 使用下面的（　　　）可以在图像中直接创建水平文字选区。

　　A. 横排文字工具　　　　　　　　　　B. 横排文字蒙版工具

　　C. 直排文字工具　　　　　　　　　　D. 直排文字蒙版工具

2. 在"字符"面板中单击（　　　）按钮，可将文字加粗。

　　A. T　　　　　B. TT　　　　　C. Tr　　　　　D. T

3. 在选中文字图层且启动文字工具的情况下，显示文字定界框的方法是（　　　）。

　　A. 在图像中的文本上单击　　　　　　B. 在图像中的文本上双击

　　C. 按【Ctrl】键　　　　　　　　　　D. 使用选择工具

4. 在"字符"面板中，可以对文字属性进行设置，这些设置包括（　　　）。

　　A. 字体、大小　　　　　　　　　　　B. 字间距和行距

　　C. 字体颜色　　　　　　　　　　　　D. 以上都正确

二、填空题

1. 文字工具包括_____、_____、_____和_____4 种。

2. 文字属性和段落属性是通过_____和_____来完成。

3. 栅格化文字图层，就是将文字图层转换为_____。

4. 在对文本对象进行变形时，若要制定对图层应用的变形程度，可以在"变形文字"对话框中调整_____选项。

三、问答题

1. 如何在点文字和段落文字间转换？

2. 如何将文字图层转换为普通图层？

【项目目标】

通过本项目的学习，读者能够了解什么是通道和蒙版、通道和蒙版的主要用途；学会"通道"面板的使用、通道的创建、通道分离和合并、通道的运算等；重点学会使用通道来保存选区，学会各种蒙版的创建和操作。

【项目重点】

1. 通道的基本操作
2. 快速蒙版的使用
3. 图层蒙版和矢量蒙版的操作

【项目任务】

熟练掌握 Photoshop CS4 中通道和蒙版的使用，会使用通道进行抠图，会熟练使用通道、快速蒙版和图层蒙版等进行选区操作。

任务一 "快乐狗狗"招贴画

一、任务分析

从图 9-1 我们可以看出，本作品由 3 部分构成，第 1 部分为小狗图像，该图像需要从素材图片中抠取；第 2 部分为背景图像，由背景图片执行模糊滤镜得到；第 3 部分为文字部分，其立体效果由图层样式效果获得。作品完成中的最大难点在于小狗图像的获取，这就需要用到本次任务重点介绍的通道功能。

图 9-1　"快乐狗狗"招贴画

二、相关知识

（一）通道的概念

通道的概念比较难以理解。Photoshop CS4 中的通道包括 3 种，它们是：颜色通道、Alpha 通道和专色通道。通道主要用来保存图像的颜色信息，一种颜色信息对应一个通道，具体是什么样的颜色信息要取决于图像采用什么样的色彩模式，这种用来存储颜色信息的通道称之为颜色通道。通道还用来保存选区或制作蒙版，这种通道称之为 Alpha 通道。除了颜色通道和 Alpha 通道外，Photoshop CS4 中还可创建专色通道，用于在部分图像上打印一种或两种颜色。

1．颜色通道

存储颜色信息的通道称为颜色通道。当我们在 Photoshop CS4 中打开一幅图像的时候，系统便自动为图像创建颜色通道，颜色通道的数量取决于图像的色彩模式。

在灰度模式下，图像由黑色、白色和不同级别的灰度组成，图像只有一个"灰色"的色彩通道，如图 9-2 所示。

在位图的色彩模式下，图像只由黑色和白色组成，因此图像只有一个"位图"通道，如图 9-3 所示。

在 Lab 色彩模式下，图像由 L（明度）、a（从绿色到红色的色彩变化）、b（从蓝色到黄色的色彩变化）构成。事实上该图像色彩模式下，包括所有的 RGB 颜色和 CMYK 颜色。此时图像存在 Lab、明度、a 和 b 4 个通道，a、b 通道

图 9-2　灰度模式图像通道

中保存色彩信息，明度通道中保存亮度信息。如果关闭 a、b 和 Lab 通道，单纯的明度通道事实上就是图像的灰度信息，如图 9-4、图 9-5 所示。

在 RGB 色彩模式下，图像包含红、绿、蓝和 RGB 共 4 个通道，其中红通道用来表示图像中的红色信息，绿通道用来表示图像中的绿色信息，蓝通道用来表示图像中的蓝色信息，如对整个图像进行编辑，使用 RGB 复合通道，如图 9-6 所示。

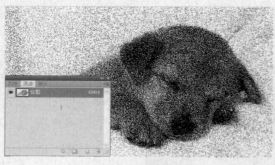

图 9-3　位图模式图像通道

图 9-4　Lab 色彩模式图像通道

图 9-5　关闭 a、b 和 Lab 通道后 Lab 色彩模式图像通道

图 9-6　RGB 色彩模式图像通道

　　在 CMYK 色彩模式下，图像包含青色、洋红、黄色、黑色和 CMYK 共 5 个通道，其中青色通道用来表示图像中的青色信息，洋红通道用来表示图像中的洋红色信息，黄色通道用来表示图像中的黄色信息，黑色通道用来表示图像中的黑色信息，如对整个图像进行编辑，使用 CMYK 复合通道，如图 9-7 所示。

2．Alpha 通道

　　Alpha 通道中不包含颜色信息，只用来存储选区和制作蒙版。可以将 Alpha 通道看为一幅灰度图像，由 256 级的灰度颜色构成，白色表示选中的区域，黑色表示没有选中的部分，灰度表示过渡选择区域。如图 9-8 所示，增加了一个 Alpha 通道用来表示小狗所在的区域。用户可以通过创建 Alpha 通道来保存和编辑图像选区。Alpha 通道可以使用工具进行编辑，然后通过"通道"面板下方的"将通道作为选区载入"按钮从通道创建选区。同样，已有的选区也可以通过"通道"面板下方的"将选区存储为通道"按钮将选区转换为通道。

图 9-7　CMYK 色彩模式图像通道

图 9-8　Alpha 通道

3．专色通道

在进行一些特殊颜色的印刷时，在默认的颜色通道外，用户还可以创建专色通道。一般来说，专色是特殊的预混油墨，来替代或补充印刷色（CMYK）油墨，每一个专色通道都有相对应的印版。如果需要打印输出一个含有专色通道的图像，必须先将图像模式转换到多通道模式下才可以。

创建一个专色通道，可以通过新建专色通道命令，或者在按住【Ctrl】键的同时单击"通道"面板下方的"创建新通道"按钮，打开图9-9所示的"新建专色通道"对话框。除了可以通过创建新的专色通道以外，还可以将Alpha通道转换为专色通道，具体方法为，在"通道"面板中选中需要转换的Alpha通道，在"通道"面板菜单中选择"通道选项"，打开"通道选项"对话框，选择"专色"单选按钮，如图9-10所示，然后单击"确定"按钮，将当前的Alpha通道转换为专色通道。

图 9-9　新建专色通道

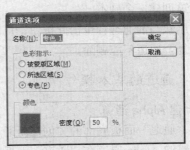

图 9-10　将 Alpha 通道转换为专色通道

（二）"通道"面板

对通道的操作主要通过"通道"面板完成。"通道"面板如图9-11所示。

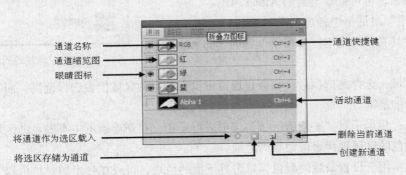

图 9-11　"通道"面板

在"通道"面板中列出了图像中的所有通道，首先是复合通道（RGB、CMYK、Lab），接着是单色通道，紧接着是专色通道，最后是Alpha通道。通道缩览图显示在通道名称的左侧。下面就"通道"面板中的主要功能做一个简要的说明。

（1）通道的名称：每个通道都有一个名称。颜色通道的名称是固定的。Alpha通道的名称在创建的时候如果没有特别命名，Photoshop CS4将自动命名为Alpha1、Alpha2、Alpha3……同样，专色通道的名称如果没有特别命名，将自动命名为专色1、专色2、专色3……

（2）通道缩览图：在通道名称的左侧为通道缩览图，用来显示通道的内容。缩览图的内容会随着对通道的编辑而更新。

（3）眼睛图标：眼睛图标在缩览图的左侧，用来指示通道的可见性。当眼睛图标显示的时候，表示显示当前的通道；当眼睛图标不显示的时候，表示当前的通道不可见，被隐藏了。

（4）通道快捷键：在通道名称的右侧为通道快捷键，按下快捷键，可以快速地选中指定的通道。

（5）活动通道：当选中一个通道时，将以蓝色进行显示，表示这个通道为当前通道，通过单击通道或者使用通道快捷键来切换当前活动通道。

（6）将通道作为选区载入：单击此按钮，将当前通道转换为选区载入，也可通过将选中通道拖动至该按钮上完成将通道作为选区载入。

（7）将选区存储为通道：单击此按钮，可以将当前图像中的选区以蒙版的形式保存到一个新建的 Alpha 通道中去。

（8）创建新通道：单击此按钮，可以新建一个 Alpha 通道；如果拖曳一个通道到此按钮上，可以为通道创建一个副本。

（9）删除当前通道：单击此按钮，可以删除当前通道；拖动一个通道到此按钮上，可以删除此通道。复合通道不能删除。

（三）通道的基本操作

1．新建 Alpha 通道

单击"通道"面板底部的"创建新通道"按钮，即可在"通道"面板中快速创建一个 Alpha 通道。新建的 Alpha 通道在"通道"面板中显示为黑色，表示当前在图像中没有选择任何内容。如果按住【Alt】键单击"创建新通道"按钮，则会弹出"新建通道"对话框，如图 9-12 所示，在此对话框中设置相应的参数选项后单击"确定"按钮，也可创建出新的 Alpha 通道。

"新建通道"对话框中各选项说明如下。

名称：在其右侧的文本框中可以设置创建的 Alpha 通道的名称。

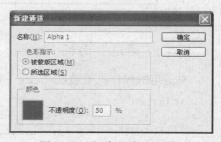

图 9-12 "新建通道"对话框

被蒙版区域：选择此选项后，在新建通道中没有颜色的区域代表选择范围，而有颜色的区域则代表被蒙版的范围。

所选区域：相当于对"被蒙版区域"选项进行反相，在新建通道中有颜色的区域代表选择范围，而没有颜色的区域则代表被蒙版的范围。

颜色：此项用于设置蒙版的颜色。单击其下面的色块，可以在弹出的"拾色器"对话框中选择合适的颜色。蒙版的颜色用来区别选区与非选区，和图像没有关系。

不透明度：此项用于设置蒙版的不透明度。它不会影响到图像的透明度，只是对蒙版起作用。

2．通道的复制与删除

在 Photoshop CS4 中复制通道的方法如下。

（1）选中需要复制的通道，将其拖动到"通道"面板底部的"创建新通道"按钮上。

（2）选中需要复制的通道，单击鼠标右键，在弹出的快捷菜单中选择"复制通道"，或者在"通道"面板菜单中选择"复制通道"命令，在弹出的图 9-13

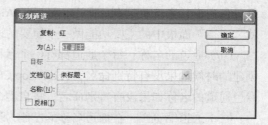

图 9-13 "复制通道"对话框

所示的"复制通道"对话框中进行相应设置，并单击"确定"按钮，完成对通道的复制。

（3）如果是不同图像之间的通道复制，可以将要复制的通道直接拖到目标图像中。

当通道的数量很多时，会占用大量的磁盘空间，在 Photoshop CS4 中，用户可以删除不需要的通道，释放其占用的磁盘空间。操作方法有以下两种。

（1）选中需要删除的通道，将其拖动到"通道"面板底部的"删除当前通道"按钮上。

（2）选中需要删除的通道，单击鼠标右键，在弹出的快捷菜单中选择"删除通道"，或者在"通道"面板菜单中选择"删除通道"命令。

3．对通道的分离和合并

根据编辑图像的需要，有的时候需要将通道分离，对其分别进行编辑和修改，然后再将其合并，以制作出我们需要的图像效果。

分离通道以后，复合通道消失，只剩下颜色通道、Alpha 通道和专色通道，这些通道之间是相互独立的，并且分别置于不同的文档中，但它们仍然属于同一图像文件。分离出来的通道为单个灰度图像的文件，每个文件的名称是在原名称上加上原通道的名称，文件的数量为原图像通道的个数。此时我们可以分别对通道进行编辑和修改。

分离通道的具体操作如下。

（1）在 Photoshop CS4 中打开图像。

（2）选择"通道"面板，单击右上角的"通道"面板菜单按钮，在弹出的菜单中选择"分离通道"命令，即可将此图像的各个通道分离，分离后文件名称如图 9-14 所示。

10小狗.jpg_R@100%(灰色/8#)* ×　　10小狗.jpg_G@100%(灰色/8#)* ×　　10小狗.jpg_B@100%(灰色/8#)* ×

图 9-14　通道分离后的文件名称

分离开的通道还可以重新合并，重新成为一个整体图像，具体操作如下。

（1）选择"通道"面板菜单中的"合并通道"命令，随即弹出"合并通道"对话框，在其中的"模式"下拉列表框中选择合并后文件的色彩模式，如图 9-15 所示。色彩模式的选择是由图像的模式来决定的，如果原图像为 RGB 模式，一般选择"RGB 颜色"；如果原图像为 CMYK 模式，一般选择"CMYK 颜色"；如果原图像为 Lab 模式，一般选择"Lab 颜色"；如果原图像中有 Alpha 通道和专色通道，一般选择"多通道"模式。

（2）单击"确定"按钮，进入下一步并继续单击"下一步"和"确定"按钮即可完成通道的合并，如图 9-16、图 9-17 所示。

图 9-15　"合并通道"对话框

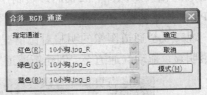

图 9-16　合并 RGB 通道

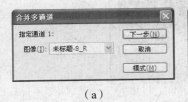

（a）

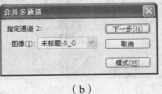

（b）

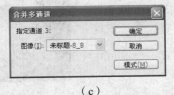

（c）

图 9-17　合并多通道

169

4．通道的运算

通道的运算包括"应用图像"命令和"计算"命令。"应用图像"命令可以对源图像中的一个或多个通道进行编辑运算，然后将编辑后的效果应用于目标图像，使图像混合产生特殊效果。"应用图像"命令主要用来混合综合通道和单个通道的内容；"计算"命令同样用来处理两个通道内的内容，但是主要用于合成单个通道的内容。

选择"图像"→"应用图像"命令，弹出图 9-18 所示的"应用图像"对话框。其中，"源"用于选择源文件，"图层"用于选择源文件中的层，"通道"用于选择源通道，"反相"选中时表示处理前先反转通道中的内容，"目标"显示目标文件的文件名、层、通道和色彩模式等信息，"混合"用来选择混合模式，"不透明度"用来设定图像的不透明度，"蒙版"用于加入蒙版来限定选区。

选择"图像"→"计算"命令，将弹出图 9-19 所示的"计算"对话框。其中，"源 1"和"源 2"用来选择源图像文件，"图层"用来选择参加运算的图层，"通道"用来选择参与运算的通道，"混合"用来选择混合模式，"不透明度"用来设定图像的不透明度，"蒙版"用于加入蒙版来限定选区，"结果"为混合结果放置的位置。

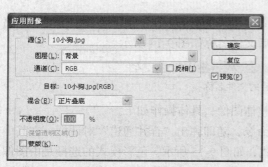

图 9-18　"应用图像"对话框

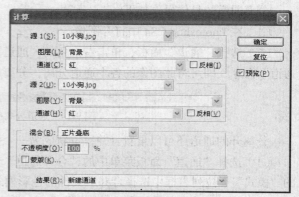

图 9-19　"计算"对话框

三、任务实施

学习了通道的相关知识，下面我们开始制作"快乐狗狗"招贴画。

（1）在 Photoshop CS4 中打开"gougou.jpg"。在"通道"面板中分别单独显示红通道、绿通道和蓝通道，观察 3 个通道图像的明暗对比情况，如图 9-20 所示。通过观察我们发现红通道图像的黑白对比最明显。拖动红通道至"创建新通道"按钮上，复制出红通道的副本，如图 9-21 所示。

（a）

图 9-20　红、绿、蓝 3 通道图像

（b）

（c）

图 9-20 红、绿、蓝 3 通道图像（续）

（2）当前通道为"红副本"，执行"图像"→"调整"→"亮度/对比度"命令，在弹出的对话框中设置参数如图 9-22 所示，通道图像如图 9-23 所示。

图 9-21 复制红通道副本

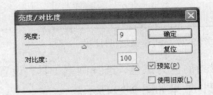

图 9-22 调整亮度/对比度

（3）设置前景色为白色，选择画笔工具，首先选择笔"主直径"为 65、"硬度"为 100%，将通道图片中间涂白，再设置笔"主直径"为 29、"硬度"为 0%，对小狗图像的边缘部分进行涂白，效果如图 9-24 所示。

图 9-23 调整亮度/对比度后的通道图像

图 9-24 白色部分填涂后的通道图像

171

（4）执行"图像"→"调整"→"亮度/对比度"命令，在弹出的对话框中设置参数如图 9-25 所示，通道图像如图 9-26 所示。

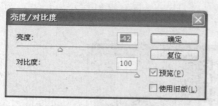

图 9-25　调整亮度/对比度　　　　　　　图 9-26　调整亮度/对比度后的通道图像

（5）执行"图像"→"调整"→"亮度/对比度"命令，在弹出的对话框中设置参数如图 9-27 所示，通道图像如图 9-28 所示。

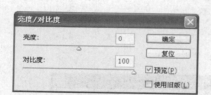

图 9-27　调整亮度/对比度　　　　　　　图 9-28　调整亮度/对比度后的通道图像

（6）设置当前色为黑色，选择画笔工具，设置适当的笔"主直径"，将通道图片中小狗图像以外的部分涂黑，效果如图 9-29 所示。

（7）双击"红副本"通道，在弹出的对话框中将通道命名为"小狗选区"。

（8）单击"通道"面板中"RGB"通道前的眼睛图标位置显示眼睛图标，同时不显示"小狗选区"通道前的眼睛图标，如图 9-30 所示。

图 9-29　黑色部分填涂后通道图像　　　　　　图 9-30　"通道"面板

（9）切换到"图层"面板，双击"背景"图层，单击"确定"按钮，图层被命名为"图层 0"。

（10）执行"选择"→"载入选区"命令，在出现的对话框中选择通道为"小狗选区"，单击"确定"按钮。

（11）执行"选择"→"修改"→"羽化"命令，设置"羽化半径"为 2 像素，如图 9-31 所示，图像选区如图 9-32 所示。

图 9-31　羽化选项　　　　　　　　　　图 9-32　图像选区

（12）按【Ctrl+C】组合键或选择"编辑"→"拷贝"命令，将选中的部分复制到剪贴板。

（13）打开"背景.jpg"文件，按【Ctrl+V】组合键或选择"编辑"→"粘贴"命令，将剪贴板中的小狗图像粘贴到新的图像中，按【Ctrl+T】组合键自由变换，调整大小和位置，按回车键，效果如图 9-33 所示，此时"图层"面板如图 9-34 所示。

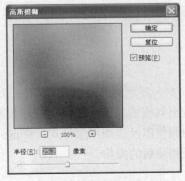

图 9-33　调整后的图像　　　　　　　图 9-34　调整后的"图层"面板

（14）选择"背景"图层作为当前图层，执行"滤镜"→"模糊"→"高斯模糊"命令，在弹出的对话框中将"半径"设置为 25.2 像素，如图 9-35 所示，图像效果如图 9-36 所示。

图 9-35　高斯模糊选项　　　　　　　图 9-36　高斯模糊后的图像效果

（15）将"图层 1"作为当前图层，选择工具栏中的文字工具，设置字体为"方正粗倩繁体"，字体大小为 120 点，文字颜色为白色，输入文字"快乐狗狗，快乐生活！"，"图层"面板如图 9-37 所示，图像效果如图 9-38 所示。

图 9-37　添加文字后的"图层"面板

图 9-38　添加文字后的图像效果

（16）选择文字层作为当前层，执行"图层"→"图层样式"→"投影"命令，选项使用默认值，单击"确定"按钮，给文字层增加投影效果，"图层"面板如图 9-39 所示，图像效果如图 9-40 所示。至此作品完成。

图 9-39　添加"图层样式"后的"图层"面板

图 9-40　最终效果

任务二　烧焦的纸片

一、任务分析

通过对图 9-41 的分析，我们发现本图像主要由纸片和木头背景两部分组成，其中纸片需要通过 Photoshop 做出被烧焦了一角的效果，木头背景需要做出划痕的效果。在分别做好效果后，将纸片图像和木头背景图像合成，通过对图像大小和位置的调整以及应用图层样式最终得到图示的作品。在整个处理过程中，会用到大量的通道、快速蒙版和蒙版的操作。

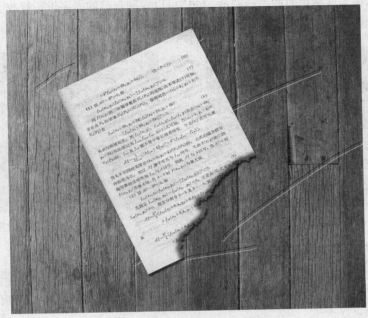

图 9-41　烧焦的纸片

二、相关知识

（一）蒙版的概念

蒙版这个概念起源于传统的暗房技术，相纸中被蒙版蒙住的部分在曝光时将不会被曝光，通过这种暗房技术手段将创造出我们所需要的照片效果。Photoshop 中的蒙版用来保护图像中不需要被处理的部分，当我们需要对图像的某些区域进行处理的时候，蒙版可以隔离和保护图像的其他部分。蒙版是一种非破坏性的编辑方式，被隔离和保护的部分并不会从图像中删除。

Photoshop 中的蒙版由灰度通道存放，可以用绘图工具和编辑工具以及各种命令进行编辑调整，如同通道一样，蒙版中白色表示是完全透明的，黑色表示完全地被蒙住，灰度表示不完全被蒙住。

Photoshop CS4 中的蒙版有快速蒙版、图层蒙版、矢量蒙版和剪贴蒙版共 4 种类型，下面一一进行说明。

1．快速蒙版

快速蒙版是一种临时的蒙版，它不能够被重复使用。建立快速蒙版的方法非常的简单，打开一个图像，在图像中需要编辑的部分使用选择工具创建一个选区，如图 9-42 所示，在工具箱中单击最下面的"以快速蒙版模式编辑"按钮，会在所选择区域以外的区域蒙上一层半透明的红色，如图 9-43 所示，同时"通道"面板增加一个快速蒙版的通道，如图 9-44 所示。可以使用绘图工具如画笔、橡皮擦工具等对蒙版进行编辑。

如果双击工具箱中的"以快速蒙版模式编辑"按钮，可以打开"快速蒙版选项"对话框，如图 9-45 所示。"色彩指示"有两个选项，分别是"被蒙版区域"和"所选区域"，如选择 "被蒙版区域"，表示被蒙版区域有色彩覆盖；如选择"所选区域"，表示所选区域有色彩覆盖。"颜色"表示用来覆盖的是什么颜色，默认是红色，我们可以单击颜色下面的色块来选择自己需要的颜色。

"不透明度"表示覆盖区域色彩的不透明度，同样可以根据自己的需要进行修改。蒙版的颜色和不透明度只影响快速蒙版的外观，对其下面的区域保护没有任何影响。

图 9-42　创建选区

图 9-43　快速蒙版效果

图 9-44　"快速蒙版"通道

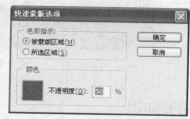

图 9-45　"快速蒙版选项"对话框

　　如果需要结束快速蒙版，单击工具箱最下面的"以标准模式编辑"按钮 ⬜ ，退出快速蒙版，蒙版转化为选区。

2．图层蒙版

　　图层蒙版是标准的 256 级灰度图像，它和图像的分辨率相同。图层蒙版中纯白色的区域显示当前图层的图像，如图 9-46 所示；图层蒙版中纯黑色的区域可以令当前图层的内容透明，显示下面图层的内容，如图 9-47 所示；图层蒙版中的灰色区域根据其灰度的等级使当前图像呈现不同的半透明效果，如图 9-48 所示。根据上面的原理，如果要显示当前图层，可以使用白色填充图层蒙版；如果要隐藏当前图层，可以使用黑色填充图层蒙版；如果要使当前图层为半透明效果，可以使用灰色填充图层蒙版。

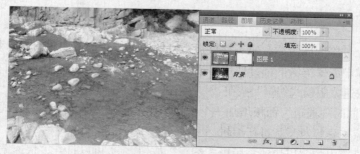

图 9-46　图层蒙版全白色效果

3．矢量蒙版

　　矢量蒙版与图像分辨率无关，它是由钢笔或形状工具创建的，其通过路径和矢量形状来控制图像的显示区域，因为其基于矢量，所以可以任意缩放，如图 9-49 所示。

图 9-47 图层蒙版全黑色效果

图 9-48 图层蒙版灰色效果

图 9-49 矢量蒙版效果

4．剪贴蒙版

剪贴蒙版是由基层图层和内容图层创建的，它是一种非常灵活的蒙版，它使用一个图像的形状来显示它上层图像的内容，因此，一个图层可以控制多个图层的显示区域，如图 9-50 所示，而图层蒙版和矢量蒙版都只能控制一个图层的显示范围。

图 9-50 剪贴蒙版效果

（二）"蒙版"面板

"蒙版"面板是用来调整选定的图层蒙版或矢量蒙版的不透明度和羽化范围的，其样式如图 9-51 所示。

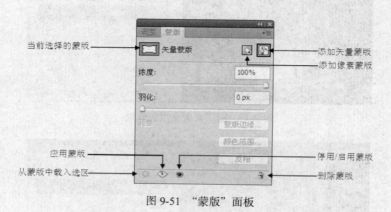

图 9-51　"蒙版"面板

其中各选项含义如下。

当前选择的蒙版：显示了在"图层"面板中选择的蒙版的类型以及该蒙版的缩览图。

添加像素蒙版：单击此按钮添加一个图层蒙版。

添加矢量蒙版：单击此按钮添加一个矢量蒙版。

浓度：通过拖动浓度滑块来控制蒙版的不透明度，默认为 100%。

羽化：拖动羽化滑块来控制蒙版边缘的羽化值。

蒙版边缘：单击此按钮，弹出"调整蒙版"对话框，使用各选项可以修改蒙版边缘。

颜色范围：单击此按钮，弹出"色彩范围"对话框，通过在图像中取样并调整颜色的容差可以设置蒙版范围。

反相：反转蒙版的区域。

从蒙版中载入选区：单击此按钮，载入蒙版中所包含的选区。

应用蒙版：单击此按钮，可以将蒙版应用到图像中去，即按当前的蒙版遮盖图像状态重新生成图像。

停用/启用蒙版：单击此按钮，可以停用或重新启用蒙版，被停用的蒙版缩览图上会出现红色的"×"。

删除蒙版：单击此按钮，可以删除当前的蒙版。

（三）蒙版操作

1. 图层蒙版和矢量蒙版的创建和删除

蒙版只能在普通图层或通道中建立，不可以在图像的背景层上建立，如果需要在背景层中建立，可以先将背景层转变为普通层，然后再在该普通层上创建蒙版。转换方法为，双击"图层"面板中的背景层，在弹出的对话框中单击"确定"按钮即可。

（1）创建一个图层蒙版：在"图层"面板中选择要创建蒙版的图层，执行"图层"→"图层蒙版"→"显示全部"命令，如图 9-52 所示，可以创建一个图层蒙版；也可以单击图层面板底部的"添加图层蒙版"按钮 创建一个图层蒙版；还可以打开"蒙版"面板，单击其中的"添加像素蒙版"按钮 来创建一个图层蒙版。图层蒙版创建好后，"图层"面板如图 9-53 所示。

图 9-52　从菜单创建图层蒙版

图 9-53　创建好图层蒙版后的"图层"面板

（2）创建一个矢量蒙版：矢量蒙版的创建需要配合路径和形状工具。在"图层"面板中，选择要创建蒙版的图层，在工具箱中选择钢笔工具或其他形状工具创建闭合路径，然后执行"图层"→"矢量蒙版"→"当前路径"命令，如图 9-54 所示，即可创建矢量蒙版。也可在没有创建路径的情况下，执行"图层"→"矢量蒙版"→"显示全部"命令，创建一个空白的矢量蒙版，然后再使用路径或形状工具绘制闭合路径，创建矢量蒙版效果。还可以打开"蒙版"面板，单击其中的"添加矢量蒙版"按钮 来创建一个空白的矢量蒙版。矢量蒙版创建好后，"图层"面板如图 9-55 所示。

图 9-54　创建矢量蒙版

图 9-55　创建好矢量蒙版后的"图层"面板

（3）删除图层蒙版和矢量蒙版：在"图层"面板上，单击图层蒙版或矢量蒙版的缩览图，单击鼠标右键，在弹出的菜单中执行"删除图层蒙版"或"删除矢量蒙版"命令，或执行"图层"菜单中"图层蒙版"或"矢量蒙版"下的相应命令即可。

2．剪贴蒙版的创建和释放

剪贴蒙版是一种比较特殊的蒙版，它不仅可以将图像隐藏或显示，而且还可保护原图像不被破坏。剪贴蒙版主要由两部分组成，即基层和内容层。基层位于整个剪贴蒙版的底部，其图层名称带有下划线；而内容层则位于基层上方，图层缩览图呈缩进状态，并带有 图标。

创建剪贴蒙版要求有基层和内容层，基层中有形状，如图 9-56 中"图层 4"中有形状，可以以此图层作为基层。内容层为显示内容的图层，如图 9-56 中"图层 1"、"图层 2"、"图层 3"。当要以"图层 4"为基层，"图层 1"为内容层创建剪贴蒙版时，将"图层 1"置于"图层 4"上面，选择"图层 1"，执行"图层"→"创建剪贴蒙版"命令，如图 9-57 所示，即可完成；或者在选择"图层 1"的情况下，单击鼠标右键，在弹出的快捷菜单中选择"创建剪贴蒙版"命令。同样可以继续给"图层 2"、"图层 3"创建剪贴蒙版，仍然以"图层 4"为基层。

图 9-56　剪贴蒙版基层　　　　　　　　图 9-57　通过菜单创建剪贴蒙版

释放剪贴蒙版比较简单，选择需要释放剪贴蒙版的内容层，单击鼠标右键，在弹出的菜单中执行"释放剪贴蒙版"命令，或执行"图层"→"释放剪贴蒙版"命令。

3．图层蒙版和矢量蒙版的编辑

（1）图层蒙版的编辑：如果想对图层蒙版进行编辑，需要单击图层蒙版缩览图，这样对图层蒙版进行修改，不会影响图层的内容。如果单击图层的缩览图，则是对图层内容进行编辑。编辑图层蒙版，蒙版中黑色的部分为透明，白色的部分为不透明，基于这个原理，我们可以使用画笔、渐变等工具进行编辑。事实上，对图层蒙版的编辑就是对通道中对应的蒙版通道进行编辑，如图 9-58 所示，此通道就是对应的图层蒙版。

（2）矢量蒙版的编辑：如果想对矢量蒙版进行编辑，同样需要单击蒙版缩览图，这样对矢量蒙版进行修改，不会影响图层的内容。如果单击图层的缩览图，则是对图层内容进行编辑。编辑矢量蒙版，我们可以使用自由变换路径等工具进行编辑。事实上，对蒙版的编辑就是对"路径"面板中对应的路径进行编辑，如图 9-59 所示，此路径就是对应的矢量蒙版路径。

图 9-58　"通道"面板中的图层蒙版通道　　　　图 9-59　"路径"面板中的矢量蒙版路径

4．取消图层蒙版和矢量蒙版链接

创建图层蒙版和矢量蒙版后，蒙版层和原图层是链接在一起的，在图层缩览图和蒙版缩览图

之间有一个 标记，这样在移动图层和蒙版时，两者是同步移动的。如果想取消这种链接关系，可以执行"图层"菜单中"图层蒙版"或"矢量蒙版"下的"取消链接"命令。取消后，就可以单独地移动图层或者蒙版层了，两者缩览图中的 标记也同时消失，如图 9-60 所示。

5. 停用图层蒙版和矢量蒙版

停用图层蒙版和矢量蒙版的方法也有几种，可以在"图层"面板蒙版缩览图上单击鼠标右键，执行弹出菜单中的"停用图层蒙版"或"停用矢量蒙版"命令；也可执行"图层"菜单中的"图层蒙版"或"矢量蒙版"下的"停用"命令；还可以在"蒙版"面板中单击其下方的眼睛图标。停用蒙版后，蒙版缩略图上出现红色的"×"，如图 9-61 所示。

图 9-60 取消蒙版链接后的"图层"面板

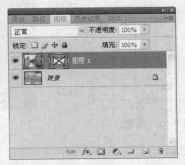
图 9-61 停用蒙版后的"图层"面板

6. 栅格化矢量蒙版和应用蒙版

选择矢量蒙版所在层，执行"图层"→"栅格化"→"矢量蒙版"命令；或是在矢量蒙版缩略图上单击鼠标右键，在弹出的菜单中选择"栅格化矢量蒙版"命令，都可将矢量蒙版转换为图层蒙版。

当图像中的蒙版效果确定不需要再修改时，可以考虑将图层蒙版直接应用到图层上，执行"图层"→"图层蒙版"→"应用"命令即可。矢量蒙版必须转换为图层蒙版才能够应用。

三、任务实施

学习完蒙版的相关知识后，下面我们开始完成"烧焦的纸片"任务。

（1）打开素材文件"木头.jpg"，在"图层"面板中选择"背景"图层，单击鼠标右键，在弹出的菜单中执行"复制图层"命令复制图层，如图 9-62 所示。

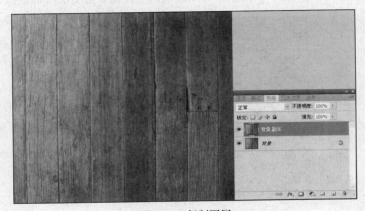
图 9-62 复制图层

（2）在"图层"面板的最下面单击"新建图层"按钮，新建一个图层，将新建的空白图层作为当前图层。

（3）选择画笔工具，设置画笔"主直径"为 25，"硬度"为 100%，如图 9-63 所示，在图层中随意画出线条，如图 9-64 所示。

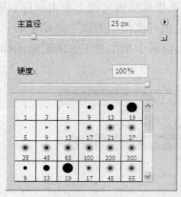

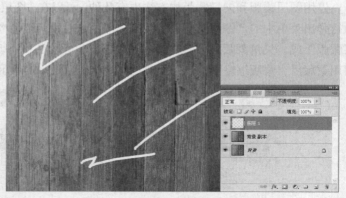

图 9-63　画笔选项　　　　　　　　　　　　　　　　图 9-64　随意画出线条

（4）按【Ctrl】键，用鼠标单击"图层 1"的缩览图，得到"图层 1"中线条部分所在的选区，删除"图层 1"。此时当前图层为"背景 副本"，如图 9-65 所示。

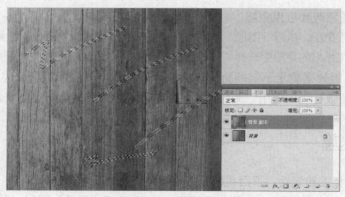

图 9-65　获得选区

（5）在"图层"面板的下面，单击"添加图层蒙版"按钮，给图层添加蒙版，如图 9-66 所示。

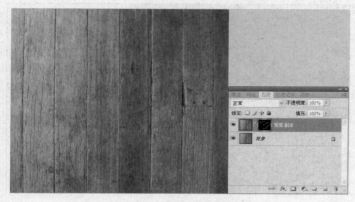

图 9-66　添加图层蒙版

（6）执行"图层"→"图层样式"→"斜面和浮雕"命令，在弹出的对话框中做图 9-67 所示设置，给"背景副本"所在层添加图层样式效果，效果如图 9-68 所示。至此，木纹图片处理完成。

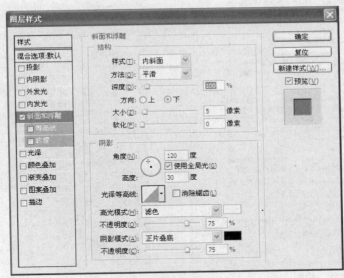

图 9-67　"斜面和浮雕"选项

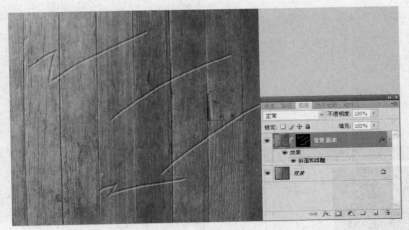

图 9-68　"斜面和浮雕"效果

（7）打开"纸张.jpg"文件，双击"图层"面板中的"背景"图层，在弹出的对话框中单击"确定"按钮，将背景图层转换为普通图层"图层 0"。

（8）在工具箱中选择套索工具，在图像中绘制一个选区，该选区就是将要被烧掉的选区，如图 9-69 所示。

（9）在工具箱中单击"以快速蒙版模式编辑"按钮 ▣，进入快速蒙版模式，此时图像如图 9-70 所示。

（10）执行"滤镜"→"像素化"→"晶格化"命令，出现"晶格化"对话框，做图 9-71 所示设置，完成后效果如图 9-72 所示。

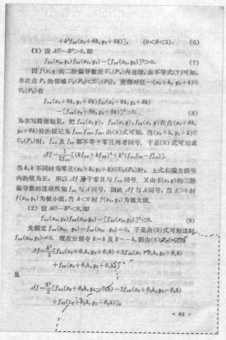

图 9-69　绘制选区

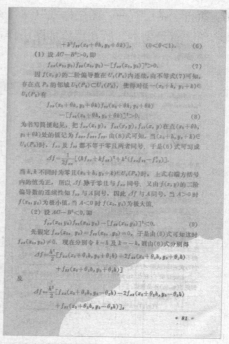

图 9-70　进入快速蒙版

图 9-71　"晶格化"选项

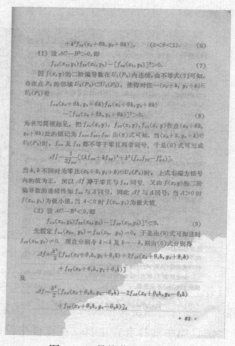

图 9-72　晶格化后的效果

（11）在工具箱中单击"以标准模式编辑"按钮，退出快速蒙版，蒙版转化为选区。执行"选择"→"存储选区"命令，在出现的对话框中单击"确定"按钮，将此选区存储到 Alpha1 通道中去。

（12）按【Delete】键将选择部分删去，如图 9-73 所示。

（13）执行"选择"→"修改"→"扩展"命令，在"扩展选区"对话框中设置"扩展量"为

20 像素，如图 9-74 所示，完成后图像如图 9-75 所示。

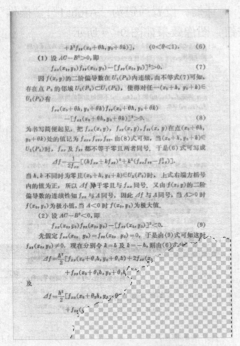

图 9-73　删除后的效果

图 9-74　"扩展选区"选项

（14）在工具箱中单击"以快速蒙版模式编辑"按钮 ，进入快速蒙版模式。执行"滤镜"→"模糊"→"高斯模糊"命令，在弹出的对话框中设置参数，如图 9-76 所示，图像效果如图 9-77 所示。

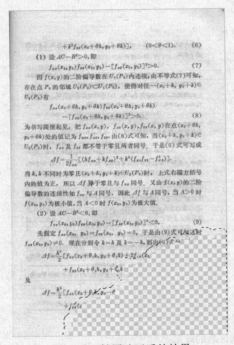

图 9-75　扩展选区后的效果

图 9-76　"高斯模糊"选项

（15）在工具箱中单击"以标准模式编辑"按钮 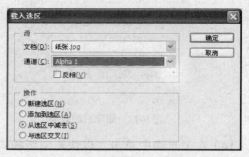 ，退出快速蒙版，蒙版转化为选区。执行"选择"→"载入选区"命令，出现"载入选区"对话框，设置通道为"Alpha1"，"操作"为"从选区中减去"，如图 9-78 所示，单击"确定"按钮，图像效果如图 9-79 所示。

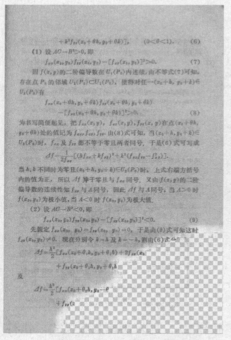

图 9-77　高斯模糊后的效果

图 9-78　"载入选区"选项

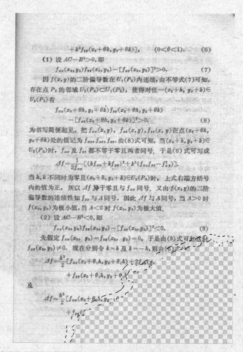

图 9-79　载入选区后的效果

（16）执行"图像"→"调整"→"色相/饱和度"命令，出现对话框，勾选其中"着色"选项，设置"色相"为15，"饱和度"为30，"明度"为−70，如图9-80所示。完成后按【Ctrl+D】组合键取消选择，图像效果如图9-81所示。

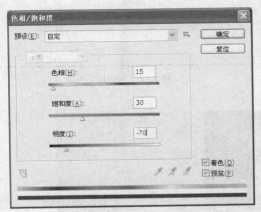

图9-80　"色相/饱和度"选项

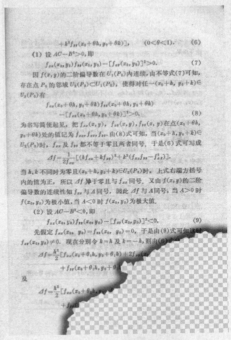

图9-81　取消选择后的效果

（17）按【Ctrl+A】组合键全选图像，按【Ctrl+C】组合键复制图像，回到开始处理的"木头.jpg"图像，按【Ctrl+V】组合键粘贴图像至新的图层"图层1"，如图9-82所示。

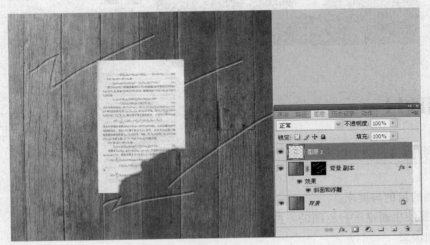

图9-82　粘贴后的效果

（18）按【Ctrl+T】组合键对"图层1"执行自由变换，效果如图9-83所示。

（19）执行"图层"→"图层样式"→"投影"命令，在弹出的对话框中做图9-84所示设置，给"图层 1"添加投影效果，如图 9-85 所示。整个任务完成，最终效果如图 9-41 所示。

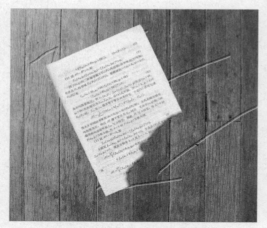

图 9-83　自由变换后的效果

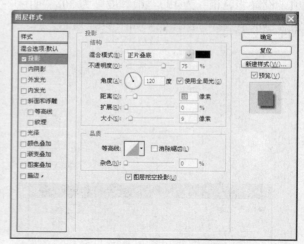

图 9-84　"投影"选项

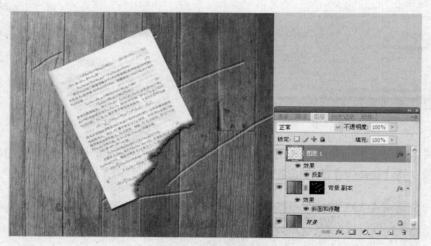

图 9-85　投影后的效果

实训项目

实训项目 1　好朋友

1．实训的目的与要求
熟练掌握使用通道进行抠图的方法。

2．实训内容
用所给的两张素材进行制作，要求使用通道抠图完成小狗图像的抠取，最终完成"好朋友"作品，完成后的效果如图 9-86 所示。

图 9-86　实训项目 1

实训项目 2　宝宝相册

1．实训的目的与要求

在作品制作过程中要求能够熟练使用蒙版进行操作。

2．实训内容

用所给的两张素材进行制作，要求制作过程中使用蒙版，最终完成"宝宝相册"作品，完成后的效果如图 9-87 所示。

图 9-87　实训项目 2

项目总结

通道和蒙版是 Photoshop CS4 的核心功能，绝大多数 Photoshop 作品的制作都离不开通道和蒙版。通过通道和蒙版，可以调整图像，可以保存选区和灵活地运用选区，可以保护图像的选择区域，这些为制作一个好的作品奠定了技术基础。通过本项目的实践，读者可以掌握通道和蒙版的一系列知识。

习题

一、选择题

1. 剪贴蒙版主要由两部分组成，分别是基层和（　　　）。
   A. 普通图层　　　　　　B. 形状图层　　　　　C. 内容层　　　　　　　D. "背景"图层

2. 如要进入快速蒙版状态，应该首先（　　　）。
   A. 建立一个选区　　　　　　　　　　　B. 选择一个 Alpha 通道
   C. 单击工具箱中的快速蒙版图标　　　　D. 单击"编辑"菜单中的"快速蒙版"

3. 将选区保存为 Alpha 通道可以将选区（　　　）保存起来。
   A. 临时　　　　　　　B. 24 小时　　　　　C. 永久　　　　　　D. 以上都不对

4. 按（　　　）键可以使图像进入快速蒙版状态。
   A. F　　　　　　　　B. Q　　　　　　　　C. T　　　　　　　　D. A

5. 在 RGB 模式的图像中加入一个新通道时，该通道是（　　　）。
   A. 红色通道　　　　　B. 绿色通道　　　　　C. Alpha 通道　　　　D. 以上都不是

二、填空题

1. Photoshop CS4 中有_____通道、_____通道和_____通道。

2. Photoshop CS4 中，蒙版有_____、_____、_____和_____ 4 种。

三、问答题

1. 通道有哪些主要的功能？

2. 怎样创建一个矢量蒙版？

3. 快速蒙版有什么作用？

项目十

滤镜的使用

【项目目标】

通过本项目的学习，读者基本了解 Photoshop 滤镜的使用方法，熟悉制作滤镜特效的基本方法，能够进行 Photoshop 特效的制作。

【项目重点】

1. 滤镜的分类
2. 使用滤镜的方法与步骤
3. 常用滤镜的功能和使用方法
4. 滤镜库的使用

【项目任务】

熟练掌握滤镜的使用方法，学会制作木刻"诗画瘦西湖"。

任务　木刻"诗话瘦西湖"

一、任务分析

Photoshop 中的滤镜具有强大的功能，运用恰当的话，可以生成各种各样的效果，本例就是其一个简单应用。

如图 10-1 所示，本例中主要运用了两个滤镜，一个是"查找边缘"滤镜，用以抽取图像中的边缘线条，这是一个关键；另一个是"纹理化"滤镜，用以生成木刻效果。

图 10-1　木刻"诗画瘦西湖"

二、相关知识

滤镜可以说是 Photoshop 处理图像的重要工具之一，很多效果精美的图像都是结合滤镜来完成的。滤镜本身是一种植入 Photoshop 的外挂功能模块，也可以说它是一种开放式的程序，它是图像处理软件为增加图像特效功能而设计的系统处理接口，类似于传统摄影时使用的特效镜头，主要是为了适应复杂的图像处理需求而产生的。

（一）滤镜的分类

Photoshop 为我们提供了很强大的滤镜功能，可以为图像添加 100 多种的特殊效果。

从滤镜的功能表现来看，可大致分为两类滤镜，一类我们称之为矫正性滤镜，如模糊、锐化、杂色等，这类滤镜对原来图像的影响比较小，往往调试的是对比度、色彩等宏观效果，这种改变有一些是很难分辨出来的；另一类我们称之为破坏性滤镜，这类滤镜对图像的改变比较明显，主要用于构造特殊的艺术图像效果。

从来源划分，可以分为内置滤镜和外挂滤镜两类。内置滤镜是指 Photoshop 缺省安装时 Photoshop 安装程序自动安装到 plug-ins 目录下的滤镜；而外挂滤镜是由第三方厂商为 Photoshop 所研发的滤镜工具，需要另行安装在 plug-ins 目录下中使用。

（二）使用滤镜的步骤与方法

Photoshop 中提供的滤镜各有其特点，但应用滤镜的过程大多数较为相似。在使用滤镜的过程中，一般都需要如下步骤。

（1）打开需要处理的图像文件，选择需要加入滤镜效果的选区，如果不进行选择，将把滤镜效果应用在当前图层的全部区域。

（2）在"滤镜"菜单及其子菜单中选择需要使用的相应滤镜命令。一部分滤镜执行后将会直接应用效果，大部分的滤镜（选项后面带有"…"）需要在打开的参数设置对话框中进行相应的参数设置。参数设置可以有两种方法，一种方法是使用滑块，另一种方法是直接输入数据得到较精确的设置。

（3）当图像文件特别大的时候，滤镜应用的时间就会相对长一些，这个时候如果我们使用"预览"功能预览图像效果，可以提高操作效率。

有以下两种方法可以进行预览。

① 通过对话框中的预览窗口进行预览。大多数滤镜对话框中都设置了预览图像效果的功能，在预览框中可以直接看到图像处理后的效果。一般默认预览图像大小为 100%，也可以根据实际情况，利用预览图像下面的"+"、"−"符号，对预览图像的大小进行调节。当需要在图像的预览框中预览图像的其他位置时，可以将鼠标指针放在图像要预览处拖拉出范围。

② 通过图像窗口进行预览。如果对话框中有 ☑预览(P) 设置项，勾选后，就可以在图像窗口中直接预览滤镜的效果。

（4）对话框中的按钮一般情况下都显示 确定 和 取消 按钮。当调整好各参数后，如果对执行后的效果满意，单击"确定"按钮即可以将滤镜应用于图像；如果对执行后的效果不满意，可以单击"取消"按钮取消。如果按下【Alt】键，则对话框中的"取消"按钮就会变成"复位"按钮，单击可使对话框中的参数回到上一次设置的状态。

（1）如果需要多次执行刚刚使用过的滤镜，可以按【Ctrl+F】组合键或者使用"滤镜"菜单下的第一个命令；如果需要再次打开刚刚使用过的滤镜对话框，可以按【Ctrl+Alt+F】组合键。

（2）使用滤镜后，按【Ctrl+Shift+F】组合键或者使用"编辑"菜单下的"渐隐"命令，将弹出"渐隐"对话框，可以控制滤镜效果的不透明度，如图 10-2 所示。

图 10-2　"渐隐"对话框及效果

如果图像是位图、索引图、48 位 RGB 图、16 位灰度图等，不允许使用滤镜；如果图像是 CMYK、Lab 色彩模式，将不允许使用艺术效果、画笔描边、素描、纹理及视频等滤镜。

（三）Photoshop 常用滤镜简介

1."风格化"滤镜

"风格化"滤镜通过移动和置换图像的像素并提高像素的对比度，产生强烈的凹凸或边缘效果。

选择"滤镜"→"风格化"命令，可以看到图 10-3 所示的子菜单。

（1）查找边缘。

"查找边缘"滤镜用来查找图像中颜色对比强烈的颜色边缘并

图 10-3　"风格化"子菜单

加以强调。

（2）等高线。

"等高线"滤镜通过查找主要亮度区域中的过渡色，沿图像的亮区和暗区的边界勾画出较细、较浅的线条效果。

（3）风。

"风"滤镜通过对图像中增加一些细而短的水平细线来模拟风的效果。

（4）浮雕效果。

"浮雕效果"滤镜通过勾画并降低周围的颜色值来模拟凹凸不平的雕刻效果。

（5）扩散。

"扩散"滤镜通过表现搅乱并扩散图像中的像素，产生透过磨砂玻璃观察图像的效果。

（6）拼贴。

"拼贴"滤镜将根据对话框中设定的值将图像分割成许多方形的小贴块，每一个小方块都有些侧移，类似瓷砖的效果。

（7）曝光过度。

"曝光过度"滤镜用来产生图像正片与负片相互混合的效果，类似于摄影冲洗过程中将照片简单曝光而加亮的效果。

（8）凸出。

"凸出"滤镜可以将图像转化成一系列大小相同、有机叠放的三维立方体或锥体，产生凸出的立体背景效果。

（9）照亮边缘。

"照亮边缘"滤镜通过查找图像中的颜色边缘并强化图像的边缘轮廓，使其产生发光的效果。

"风格化"滤镜各子菜单项的滤镜效果如图 10-4 所示。

（a）原图

（a）查找边缘   （b）等高线   （c）风

图 10-4 "风格化"滤镜效果

（d）浮雕效果　　　　　　　　（e）扩散　　　　　　　　　　（f）拼贴

（g）曝光过度　　　　　　　　（h）凸出　　　　　　　　　（i）照亮边缘

图10-4　"风格化"滤镜效果（续）

2."画笔描边"滤镜

"画笔描边"滤镜包括了"成角的线条"、"墨水轮廓"、"喷溅"、"喷色描边"、"强化的边缘"、"深色线条"、"烟灰墨"和"阴影线"滤镜，主要为我们提供了通过为图像增加颗粒、画斑、杂色、边缘细节或纹理来模拟不同的画笔或油墨笔刷勾画图像，产生各种绘画效果的另一种方法。

（1）成角的线条。

"成角的线条"滤镜是图像中的光亮区域与图像中的阴影区域分别用方向相反的对角线方向的两种线条描绘图像，用来产生倾斜笔风的效果的一种滤镜。

（2）墨水轮廓。

"墨水轮廓"滤镜能在图像的颜色边界部分模拟油墨勾画轮廓，用圆滑的细线重新描绘图像的细节，使图像产生钢笔油墨化的效果。

（3）喷溅。

"喷溅"滤镜模仿喷枪在画面喷上了许多彩色小颗粒，使画面产生笔墨喷溅的效果。

（4）喷色描边。

"喷色描边"滤镜是按照一定角度喷颜料，产生斜纹飞溅的效果，与喷溅效果有相似之处。

（5）强化的边缘。

"强化的边缘"滤镜可以对图像中明显的边界进行强化处理。

（6）深色线条。

"深色线条"滤镜用短而密的黑色线条绘制图像中的深色区域，并用长的白色线条描绘图像的浅色区域。

（7）烟灰墨。

"烟灰墨"滤镜用于模拟用饱含黑色墨水的画笔在宣纸上绘画的水墨画效果。

（8）阴影线。

"阴影线"滤镜在保持图像细节和特点的前提下，模拟铅笔添加交叉网状纹理的效果，将图像中颜色边界加以强化和纹理化。

"画笔描边"滤镜各子菜单项的滤镜效果如图 10-5 所示。

（a）原图　　　　　　（b）成角的线条　　　　　　（c）墨水轮廓

（d）喷溅　　　　　　（e）喷色描边　　　　　　（f）强化的边缘

（g）深色线条　　　　　　（h）烟灰墨　　　　　　（i）阴影线

图 10-5　"画笔描边"滤镜效果

3."模糊"滤镜

"模糊"滤镜包括了"表面模糊"、"动感模糊"、"方框模糊"、"高斯模糊"、"平均模糊"、"径向模糊"、"镜头模糊"、"模糊"、"进一步模糊"、"特殊模糊"和"形状模糊"滤镜，常常用来光滑边缘过于清晰和对比过于强烈的图像，主要是通过降低相邻像素的对比度，使图像看起来更朦胧一些、柔和一些，增加对图像的修饰效果。

（1）表面模糊。

"表面模糊"滤镜可以使图像的表面以一定的半径、阈值和色阶范围在保留边缘的同时模糊图像。

（2）动感模糊。

"动感模糊"滤镜模仿拍摄运动物体的手法，通过一个固定的曝光时间给快速运动的物体拍照，从而产生一种运动感觉的模糊效果。

（3）方框模糊。

"方框模糊"滤镜基于相邻像素的平均颜色值来模糊图像，用于创建特殊效果。

（4）高斯模糊。

"高斯模糊"滤镜利用高斯曲线的分布模式对图像有选择地进行模糊，产生朦胧的模糊效果。

（5）平均模糊。

"平均模糊"滤镜用于找出图像或选区的平均颜色，然后用该颜色填充图像或选区创建平滑的外观。

（6）径向模糊。

"径向模糊"滤镜能够使图像围绕一个中心旋转或使图像从中心向四周辐射出去，从而使图像产生模糊效果。

（7）镜头模糊。

"镜头模糊"滤镜可以向图像中添加模糊以产生更窄的景深效果，以使图像中的一些对象清晰（类似于在相机焦距内），而使另一些区域变模糊（类似于在相机焦距外）。

（8）模糊和进一步模糊。

"模糊"和"进一步模糊"滤镜没有对话框，都是消除图像中过于清晰的颜色变化处的杂色，使图像看起来更朦胧一些，只是在模糊程度上有一定的差别。它们的作用效果都不太明显。

（9）特殊模糊。

"特殊模糊"滤镜能对图像进行更为精确并且可控制的模糊，不像其他模糊滤镜对整幅图像一起进行模糊操作，它通过找出图像边缘，在模糊边缘以内区域的同时，也保护图像中颜色边缘的清晰。

（10）形状模糊。

"形状模糊"滤镜使用指定的内核来创建模糊。

"模糊"滤镜各子菜单项的滤镜效果如图10-6所示。

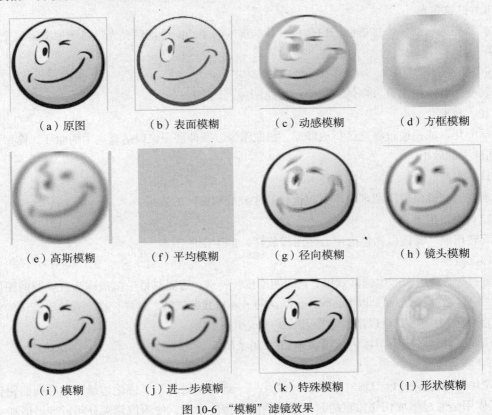

（a）原图　　　　（b）表面模糊　　　　（c）动感模糊　　　　（d）方框模糊

（e）高斯模糊　　　（f）平均模糊　　　（g）径向模糊　　　（h）镜头模糊

（i）模糊　　　　（j）进一步模糊　　　（k）特殊模糊　　　（l）形状模糊

图10-6　"模糊"滤镜效果

4. "扭曲"滤镜

"扭曲"滤镜包括了"波浪"、"波纹"、"玻璃"、"海洋波纹"、"极坐标"、"挤压"、"镜头校正"、"扩散亮光"、"切变"、"球面化"、"水波"、"旋转扭曲"和"置换"滤镜，主要用于将图像按照各种方式进行几何扭曲，产生扭曲变形的效果。

（1）波浪。

"波浪"滤镜根据设定的波长产生波浪效果。

（2）波纹。

"波纹"滤镜会产生水池表面水波荡漾的涟漪效果。

（3）玻璃。

"玻璃"滤镜可以产生透过不同类型玻璃观察图像的效果。

（4）海洋波纹。

"海洋波纹"滤镜将随机分隔的波纹添加到图像表面，用来产生海洋表面的波纹效果，使图像看上去像是在水中。

（5）极坐标。

"极坐标"滤镜实现图像在平面坐标系与极坐标系之间的转换。

（6）挤压。

"挤压"滤镜使图像产生向外或向内挤压变形的效果。

（7）镜头校正。

"镜头校正"滤镜可修复常见的镜头瑕疵，如桶形和枕形失真、晕影和色差。

（8）扩散亮光。

"扩散亮光"滤镜添加透明的白杂色，并从选区的中心向外渐隐亮光，将图像渲染成光热弥漫的效果。

（9）切变。

"切变"滤镜沿垂直方向的一条曲线扭曲图像。

（10）球面化。

"球面化"滤镜通过将选区折成球形、扭曲图像以及伸展图像以适合选中的曲线，模拟出将图像包在球上的效果。

（11）水波。

"水波"滤镜模拟出湖水中产生起伏状的水波纹和旋转的效果。

（12）旋转扭曲。

"旋转扭曲"滤镜以物体为中心使图像旋转，产生扭曲图案。

（13）置换。

"置换"滤镜用来产生位移效果，它的使用比较特殊，需要与另一幅被称为置换图的图像配合使用，并且该置换图必须是以 Photoshop 默认的 psd 格式存储的，这样，在"置换"滤镜的使用过程中，置换图中的形状会以图像的变形效果表现出来。

"扭曲"滤镜各子菜单项的滤镜效果如图 10-7 所示。

5. "锐化"滤镜

"锐化"滤镜包括了"USM 锐化"、"锐化"、"进一步锐化"、"锐化边缘"和"智能锐化"滤镜，其作用是通过增加相邻像素的对比度来消除图像的模糊，使图像轮廓分明，变得清晰一些。

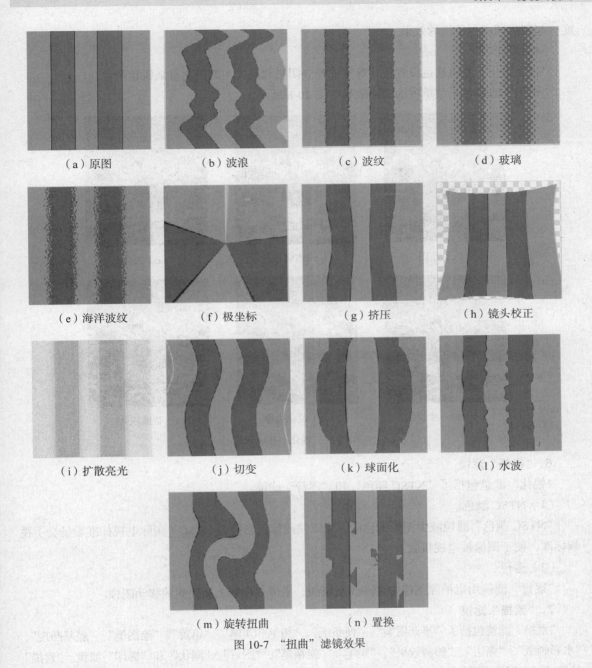

（a）原图　　　　（b）波浪　　　　（c）波纹　　　　（d）玻璃

（e）海洋波纹　　　（f）极坐标　　　（g）挤压　　　（h）镜头校正

（i）扩散亮光　　　（j）切变　　　（k）球面化　　　（l）水波

（m）旋转扭曲　　　（n）置换

图 10-7 "扭曲"滤镜效果

（1）USM 锐化。

"USM 锐化"滤镜采用照相制版中的虚光蒙版原理，在图像边缘的两侧分别制作一条亮线和一条暗线来调整边缘细节的对比度，对图像的细微层次进行清晰度强调，来提高图像整体的清晰效果。

（2）锐化和进一步锐化。

"锐化"滤镜可增加图像像素之间的对比度，使图像的局部反差增大，提高图像的清晰效果。"进一步锐化"滤镜的作用力度比"锐化"滤镜稍大一些，也使图像的局部反差效果更加强烈。

（3）锐化边缘。

"锐化边缘"滤镜可自动辨别图像中的颜色边缘，只锐化图像的边缘，同时保留总体的平滑度，起到强调颜色边缘的效果。

（4）智能锐化。

"智能锐化"滤镜通过设置锐化算法或控制阴影和高光中的锐化量来锐化图像。

"锐化"滤镜各子菜单项的滤镜效果如图 10-8 所示。

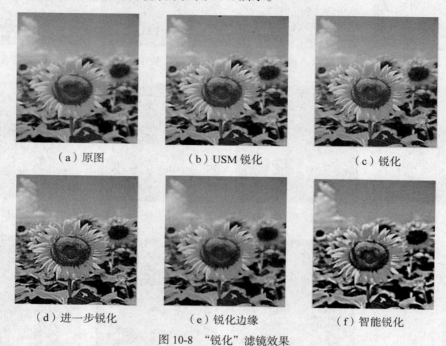

　（a）原图　　　　　　　（b）USM 锐化　　　　　　（c）锐化

　（d）进一步锐化　　　　（e）锐化边缘　　　　　（f）智能锐化

图 10-8　"锐化"滤镜效果

6．"视频"滤镜

"锐化"滤镜包括了"NTSC 颜色"和"逐行"滤镜。

（1）NTSC 颜色。

"NTSC 颜色"滤镜减少图像的色阶，用以使图像色彩符合 NTSC（国际电视标准委员会）视频标准，便于图像被电视接收。

（2）逐行。

"逐行"滤镜用以消除图像中奇或偶交错线，平滑在视频上捕捉到的移动图像。

7．"素描"滤镜

"素描"滤镜包括了"半调图案"、"便条纸"、"粉笔和炭笔"、"铬黄"、"绘图笔"、"底基凸现"、"水彩画纸"、"撕边"、"塑料效果"、"炭笔"、"炭精笔"、"图章"、"网状"和"影印"滤镜。"素描"滤镜通过在图像中添加纹理，使用当前前景色与背景色的变化来渲染图像，使图像产生素描、速写等的硬笔绘画的艺术效果，常用来为图像制作一些质感的变化，也可以用它来创建精美的艺术或手绘图像。

（1）半调图案。

"半调图案"滤镜使用前景色和背景色组成的图像模拟印刷中半调网屏的效果。

（2）便条纸。

"便条纸"滤镜模仿由前景色和背景色确定的粗糙的手工制作的纸张相互粘贴的效果。

（3）粉笔和炭笔。

"粉笔和炭笔"滤镜用粗糙的炭笔前景色和粉笔背景色重绘图像的高亮和中间色调，产生粉笔和炭笔涂抹的草图效果。

（4）铬黄。

"铬黄"滤镜不受前景色和背景色的控制，产生液态金属效果，其金属表面的明暗情况与原图的明暗分布基本对应。

（5）绘图笔。

"绘图笔"滤镜精细地用对角方向的前景色油墨线条在背景色上重绘图像。

（6）基底凸现。

"基底凸现"滤镜是图像较暗的区域用前景色填充，图像较亮的区域用背景色填充，呈现浮雕的雕刻状和突出光照下变化各异的表面的一种效果。

（7）水彩画纸。

"水彩画纸"滤镜是模仿潮湿的纤维纸上的涂抹作画的效果，使颜色流动并混合。

（8）撕边。

"撕边"滤镜使用前景色与背景色，用粗糙的颜色边缘模拟碎纸片的效果，为图像着色。

（9）塑料效果。

"塑料效果"滤镜模拟塑料浮雕效果用于立体石膏复制图像，然后使用前景色和背景色为图像着色，暗区凸起，亮区凹陷。

（10）炭笔。

"炭笔"滤镜中炭笔是前景色，背景是纸张颜色，主要边缘以粗线条绘制，而中间色调用对角描边进行素描，产生色调分离的涂抹效果。

（11）炭精笔。

"炭精笔"滤镜相当于用一支与前景色相同的炭精笔绘制图像中较暗的区域，用一支与背景色相同的炭精笔绘制图像中较亮的区域，在图像上模拟浓黑和纯白的炭精笔纹理。

（12）图章。

"图章"滤镜中印章部分为前景色，其余部分为背景色，使图像看起来就像是用橡皮或木制图章创建的一样。该滤镜用于黑白图像时效果最佳。

（13）网状。

"网状"滤镜是透过网格向背景色上扩散固体的前景色颜料色，形成用前景色和背景色组成的网格图案覆盖的图像作品。

（14）影印。

"影印"滤镜是以前景色和背景模拟影印图像的效果，

"素描"滤镜各子菜单项的滤镜效果如图 10-9 所示。

　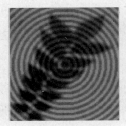　　

　（a）原图　　　　（b）半调图案　　　　（c）便条纸　　　　（d）粉笔和炭笔

图 10-9　"素描"滤镜效果

（e）铬黄　　　（f）绘图笔　　　（g）底基凸现　　　（h）水彩画纸

（i）撕边　　　　（j）塑料效果　　　（k）炭笔　　　　（l）炭精笔

（m）图章　　　　（n）网状　　　　（o）影印

图 10-9　"素描"滤镜效果（续）

8．"纹理"滤镜

"纹理"滤镜包括了"龟裂缝"、"颗粒"、"马赛克拼贴"、"拼缀图"、"染色玻璃"和"纹理化"滤镜。该滤镜向图像加入纹理，来生成一种将图像制作在某种材质上的质感变化。

（1）龟裂缝。

"龟裂缝"滤镜是在图像上随机生成龟裂纹理，模仿在粗糙的石膏表面绘画的效果。

（2）颗粒。

"颗粒"滤镜是通过随机加入不同种类的不规则颗粒来为图像增加纹理。

（3）马赛克拼贴。

"马赛克拼贴"滤镜将图像分割成若干形状随机的小块，并在小块之间增加深色的缝隙，使它看起来是由小的碎片拼贴组成的。

（4）拼缀图。

"拼缀图"滤镜将图像分解为用图像中该区域的主色填充的若干小方块，将每个方块用该区域最亮的颜色填充，并为方块之间增加深色的缝隙，可模拟建筑拼贴瓷砖的效果。

（5）染色玻璃。

"染色玻璃"滤镜在图像中产生不规则的分离的彩色玻璃格子，相邻单元格之间用前景色填充，模拟了杂色玻璃的效果。

（6）纹理化。

"纹理化"滤镜将选择或创建的纹理应用于图像。

"纹理"滤镜各子菜单项的滤镜效果如图 10-10 所示。

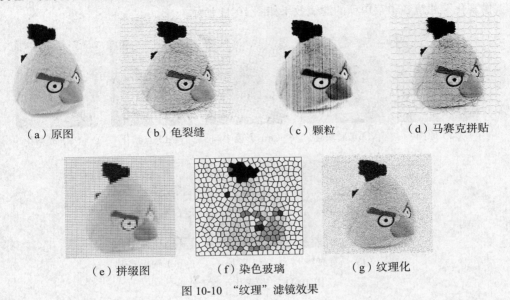

（a）原图　　　　（b）龟裂缝　　　　（c）颗粒　　　　（d）马赛克拼贴

（e）拼缀图　　　　（f）染色玻璃　　　　（g）纹理化

图 10-10　"纹理"滤镜效果

9. "像素化"滤镜

"像素化"滤镜包括了"彩块化"、"彩色半调"、"点状化"、"晶格化"、"马赛克"、"碎片"和"铜板雕刻"滤镜，作用是将图像中的相邻像素进行分离重整，在图像中表现出某种基础形状的特征，变为由指定形状的元素组成的图像，它并不是真正地改变了图像像素点的形状。

（1）彩块化。

"彩块化"滤镜可提取图像中的颜色特征，使纯色或相近颜色的像素结成相近颜色的像素块。可以使用此滤镜使扫描的图像看起来像手绘图像，或使现实主义图像类似抽象派绘画。

（2）彩色半调。

"彩色半调"滤镜模拟在图像的每个通道上使用放大的半调网屏的效果。对于每个通道，滤镜将图像划分为矩形，并用圆形替换每个矩形，产生一种彩色半色调印刷（加网印刷）图像的放大效果，即将图像中的所有颜色用黄、品红、青和黑 4 色网点的相互叠加进行再现的效果。

（3）点状化。

"点状化"滤镜将图像中的颜色分解为随机分布的网点，如同点状化绘画一样，并使用背景色作为网点之间的画布区域。

（4）晶格化。

"晶格化"滤镜使相近的像素结块形成多边形纯色。

（5）马赛克。

"马赛克"滤镜使具有相似色彩的像素合成更大的方块，形成马赛克效果。

（6）碎片。

"碎片"滤镜将图像的像素复制 4 遍，然后进行平均和位移，效果就像透过玻璃碎片来观察图像，图像被玻璃表面反复折射多次后所形成的变化，具有多个重影。

（7）铜板雕刻。

"铜版雕刻"滤镜将图像转换为黑白区域的随机图案或彩色图像中完全饱和颜色的随机图案，用来生成一种金属板印刷所得到的效果，以各种点或线的色彩来再现图像。

"像素化"滤镜各子菜单项的滤镜效果如图 10-11 所示。

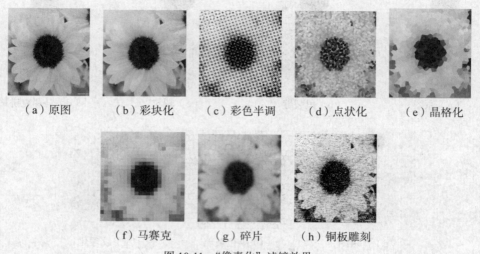

（a）原图　　（b）彩块化　　（c）彩色半调　　（d）点状化　　（e）晶格化

（f）马赛克　　（g）碎片　　（h）铜板雕刻

图 10-11　"像素化"滤镜效果

10．"渲染"滤镜

"渲染"滤镜包括了"云彩"、"分层云彩"、"纤维"、"镜头光晕"和"光照效果"滤镜，用于模拟光线照明效果，能对图像产生照明、云彩以及特殊的纹理效果。

（1）云彩。

"云彩"滤镜使用介于前景色与背景色之间的随机值，将图像置换成柔和的云彩效果，而将原稿内容全部覆盖。

（2）分层云彩。

"分层云彩"滤镜可以将前景色与背景色混合，使用随机生成的介于前景色与背景色之间的值生成云彩图案。该滤镜将云彩数据和现有的像素混合，其方式与"差值"模式混合颜色的方式相同。

（3）纤维。

"纤维"滤镜使用前景色和背景色创建编织纤维的外观。

（4）镜头光晕。

"镜头光晕"滤镜通过单击图像缩览图的任一位置或拖动其十字线指定光晕中心的位置，模拟亮光照在相机镜头所产生的光晕效果。

（5）光照效果。

"光照效果"滤镜是一个比较复杂的滤镜，使用"光照效果"滤镜可以创造出许多奇妙的灯光纹理效果，可以通过改变 17 种光照样式、3 种光照类型和 4 套光照属性，在 RGB 图像上产生无数种光照效果。还可以使用灰度文件的纹理（称为凹凸图）产生类似 3D 的效果，并存储自己的样式以在其他图像中使用。

"渲染"滤镜各子菜单项的滤镜效果如图 10-12 所示。

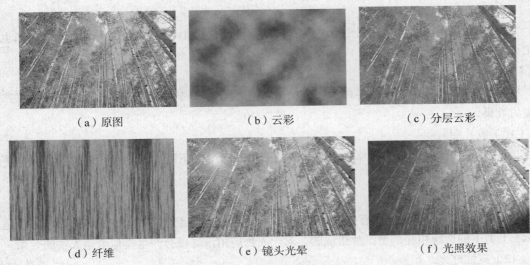

（a）原图　　　　　　　（b）云彩　　　　　　　（c）分层云彩

（d）纤维　　　　　　　（e）镜头光晕　　　　　　（f）光照效果

图 10-12 "渲染"滤镜效果

11. "艺术效果"滤镜

"艺术效果"滤镜包括了"壁画"、"彩色铅笔"、"粗糙蜡笔"、"底纹效果"、"调色刀"、"干画笔"、"海报边缘"、"海绵"、"绘画涂抹"、"胶片颗粒"、"木刻"、"霓虹灯光"、"水彩"、"塑料包装"和"涂抹棒"滤镜。这些滤镜模仿自然或传统介质效果，主要为我们提供模仿传统绘画不同技法的途径，用来表现不同的各种精美艺术品的绘画效果。

（1）壁画。

"壁画"滤镜使用短而圆、粗略涂抹的小块颜料，使相近的颜色以单一的颜色替代，并加上边缘，产生粗糙的壁画效果。

（2）彩色铅笔。

"彩色铅笔"滤镜产生一种使用各种颜色的铅笔在单一颜色的背景上沿某一特定的方向勾画图像的效果，保留边缘，外观呈粗糙阴影线；纯色背景色透过比较平滑的区域显示出来。

（3）粗糙蜡笔。

"粗糙蜡笔"滤镜模拟彩色蜡笔在布满纹理的背景上描绘。在亮色区域，粉笔看上去很厚，几乎看不见纹理；在深色区域，粉笔似乎被擦去了，使纹理显露出来。

（4）底纹效果。

"底纹效果"滤镜在带纹理的背景上绘制图像，然后将最终图像绘制在该图像上。这是一种将当前图像作为背景的一种手法，可以使图像产生一些纹理覆盖的效果。

（5）调色刀。

"调色刀"滤镜减少图像中的细节以生成描绘得很淡的画布效果，模仿了用刀子刮去图像细节的画布效果。

（6）干画笔。

"干画笔"滤镜使用干画笔技术（介于油彩和水彩之间）绘制图像边缘，以减少图像的颜色来简单化图像的细节，使图像呈现出介于油画和水彩画之间的效果。

（7）海报边缘。

"海报边缘"滤镜可以减少图像中的颜色复杂度，查找图像的边缘并在上面加上黑色的阴影。

（8）海绵。

"海绵"滤镜使用颜色对比强烈、纹理较重的区域创建图像，模拟用海绵作画笔，在画布上吸收多余水分的绘画效果。

（9）绘画涂抹。

"绘画涂抹"滤镜可以选取各种大小（1～50）和类型的画笔在画布上进行涂抹，使图像产生模糊的效果。

（10）胶片颗粒。

"胶片颗粒"滤镜产生使胶片颗粒在图像的暗色调和中间色调均匀显示的效果，使图像更饱和、更平衡。

（11）木刻。

"木刻"滤镜减少了图像原有的颜色，类似的颜色使用同一颜色代替，使图像看上去好像是由从彩纸上剪下的边缘粗糙的剪纸片组成的，对于人物应用该滤镜会产生类似卡通人物的效果。

（12）霓虹灯光。

"霓虹灯光"滤镜将各种类型的灯光添加到图像中的对象上，为图像添加类似霓虹灯一样的发光效果，可以使图像色彩减弱，产生较强的神秘感，用于在柔化图像外观时给图像着色。

（13）水彩。

"水彩"滤镜能产生水彩风格的图像，简化图像的细节，改变图像边界的色调，饱和图像的颜色。

（14）塑料包装。

"塑料包装"滤镜给图像涂上一层光亮的塑料，像是给图像添加塑料包装的效果，以强调表面细节。

（15）涂抹棒。

"涂抹棒"滤镜使用短而密的黑色对角线描边涂抹暗区以柔化图像。

"艺术效果"滤镜各子菜单项的滤镜效果如图 10-13 所示。

（a）原图

（b）壁画　　　　　　（c）彩色铅笔　　　　　　（d）粗糙蜡笔

图 10-13 "艺术效果"滤镜

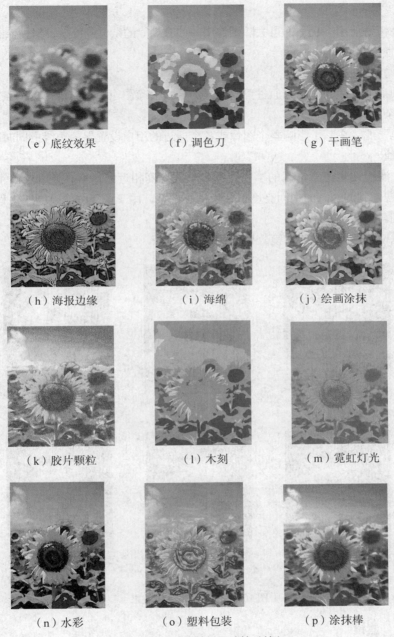

（e）底纹效果　　　　　（f）调色刀　　　　　（g）干画笔

（h）海报边缘　　　　　（i）海绵　　　　　（j）绘画涂抹

（k）胶片颗粒　　　　　（l）木刻　　　　　（m）霓虹灯光

（n）水彩　　　　　（o）塑料包装　　　　　（p）涂抹棒

图 10-13　"艺术效果"滤镜（续）

12. "杂色"滤镜

"杂色"滤镜包括"添加杂色"、"去斑"、"蒙尘与划痕"、"减少杂色"和"中间值"滤镜。图像中的杂色实际上就是随机分布的彩色像素点。使用"杂色"滤镜可以在图像增加或减少杂色，可以移去图像上不需要的痕迹、尘点，使图像的某一部分更好地融合于其周围的背景中；有时还可以用这些滤镜生成一些特殊的底纹。

（1）添加杂色。

"添加杂色"滤镜能在图像上随机混合杂点，使图像看起来有一些沙石的质感。

（2）去斑。

"去斑"滤镜每使用一次，即可去除图像中一些有规律的杂色或噪点，但去除的同时会使图像的清晰度受到损失。

（3）蒙尘与划痕。

"蒙尘和划痕"滤镜的作用是通过更改相异的像素去除图像中没有规律的杂点或划痕。

（4）减少杂色。

"减少杂色"滤镜在基于影响整个图像或各个通道的用户设置保留边缘的同时减少杂色。

（5）中间值。

"中间值"滤镜搜索像素选区的半径范围以查找亮度相近的像素，扔掉与相邻像素差异太大的像素，并用搜索到的像素的中间亮度值替换中心像素，用于调整图像模糊变化程度，去除图像中的杂点和划痕。

"杂色"滤镜各子菜单项的滤镜效果如图 10-14 所示。

图 10-14 "杂色"滤镜效果

13. "其他"滤镜

"其他"滤镜包括"高反差保留"、"位移"、"自定"、"最大值"和"最小值"滤镜。该滤镜允许我们创建自己的滤镜，允许使用滤镜修改蒙版，还允许在图像中使选区发生位移以及快速调整颜色。

（1）高反差保留。

"高反差保留"滤镜在有强烈颜色转变发生的地方按指定的半径保留边缘细节，并且不显示图像的其余部分，用来将图像中变化较缓的颜色区域删掉，而只保留色彩变化最大的部分（即颜色变化的边缘），即滤掉了图像中的低频变化，与"高斯模糊"滤镜的效果恰好相反。

（2）位移。

"位移"滤镜将选区移动指定的水平量或垂直量，而选区的原位置变成空白区域。可以用当前背景色、图像的另一部分填充这块区域，或者如果选区靠近图像边缘，也可以使用所选择的填充内容进行填充。该滤镜常用于选区通道的操作当中，选区通道的位置变化后，即可进一步使用各种通道运算命令来制作新的选区通道，这是各种特殊效果制作中常用的方法。

（3）自定。

"自定义"滤镜允许设计自己的滤镜效果。通过设置对话框中的数值，根据预定义的数学运算（称为卷积），可以更改图像中每个像素的亮度值，根据周围的像素值为每个像素重新指定一个值。此操作与通道的加、减计算类似。

（4）最大值与最小值。

这两个滤镜对于修改蒙版非常有用。"最大值"滤镜有应用阻塞的效果，能够强调图像中较亮的像素，还可用于在通道中扩大白色区域。"最小值"滤镜有应用伸展的效果，能够强调图像中较暗的像素，还可用于在通道中缩小白色区域。

"其他"滤镜各子菜单项的滤镜效果如图 10-15 所示。

（a）原图　　　　　　　（b）高反差保留　　　　　　（c）位移

（d）自定　　　　　　　（e）最大值　　　　　　　　（f）最小值

图 10-15 "其他"滤镜效果

（四）滤镜库、液化与消失点

1. 滤镜库

滤镜库可以在不执行其他滤镜命令的情况下，提供许多特殊效果滤镜的预览，我们可以应用多个滤镜、打开或关闭滤镜的效果、复位滤镜的选项以及更改应用滤镜的顺序，如果对预览效果感到满意，则可以将它应用于图像。

滤镜库并不提供"滤镜"菜单中的所有滤镜的效果预览。

选择"滤镜"→"滤镜库"命令，可以打开"滤镜库"对话框，如图 10-16 所示。单击滤镜的类别名称，可显示可用滤镜效果的缩览图。

2. 液化

"液化"滤镜可以对图像的任何区域进行各种各样的类似液化效果的变形（比如推、拉、旋转、反射、折叠和膨胀图像的任意区域），变形的程度可以随意控制，可以是细微的变形效果，也可以是非常剧烈的变形效果，它是修饰图像和创建艺术效果的强大工具。

图 10-16 "滤镜库"对话框

 "液化"命令只对 RGB 颜色模式、CMYK 颜色模式、Lab 颜色模式和灰度模式中的 8 位图像有效。可将"液化"滤镜应用于 8 位/通道或 16 位/通道图像。

选择"滤镜"→"液化"命令，可以打开"液化"对话框，如图 10-17 所示。

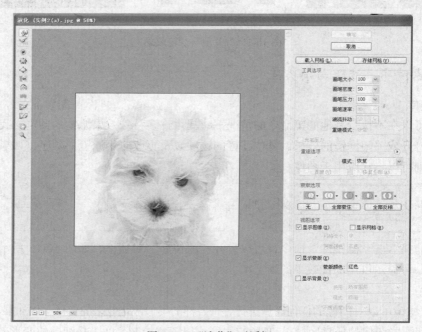

图 10-17 "液化"对话框

"液化"对话框中各工具的含义如下。

：向前变形工具，在拖动时向前推像素。

：重建工具，在按住鼠标左键并拖动时可反转已添加的扭曲。

：顺时针旋转扭曲工具，在按住鼠标左键或拖动时可顺时针旋转像素。

：褶皱工具，在按住鼠标左键或拖动时使像素朝着画笔区域的中心移动。

：膨胀工具，在按住鼠标左键或拖动时使像素朝着离开画笔区域中心的方向移动。

：左推工具，垂直向上拖动该工具时，像素向左移动；如果向下拖动，像素会向右移动。也可以围绕对象顺时针拖动以增加其大小，或逆时针拖动以减小其大小。

：镜像工具，将像素拷贝到画笔区域。

：湍流工具，平滑地混杂像素。它可用于创建火焰、云彩、波浪和相似的效果。

这些工具可以帮助我们实现图像的变形，但在操作过程中，可能会有些图像区域不需要被修改，这时我们可以冻结不想修改的的区域，在"液化"对话框中使用冻结蒙版工具将这些区域保护起来。被冻结的区域可以"解冻"后再进行修改，选择解冻蒙版工具可以将冻结区域解冻。如果在使用"液化"命令之前选择了选区，则出现在预视图像中的所有未选中的区域都已冻结，无法在"液化"对话框中进行修改。

预览图像后，如果不满意，可以使用各种控件和重建模式来撤销更改，然后用新的方式重新进行变形的操作。

若要将一个或多个未冻结区域恢复到打开"液化"对话框时的状态，通过两种方法可以完成：一是将对话框中"重建选项"栏中的"模式"设置为"恢复"，多次单击"重建"按钮或单击"恢复全部"按钮，将图像恢复到以前的状态；二是选择重建工具，单击鼠标或在区域上拖拉鼠标，将图像恢复到以前的状态。

3. 消失点

"消失点"滤镜可以简化在包含透视平面（如建筑物的侧面、墙壁、地面或任何矩形对象）的图像中进行的透视校正编辑的过程。在消失点中，我们可以在图像中指定平面，然后应用绘画、仿制、拷贝或粘贴以及变换等编辑操作，所有编辑操作都将采用我们所处理平面的透视。

选择"滤镜"→"消失点"命令，可以打开"消失点"对话框，如图 10-18 所示。

"消失点"对话框中各工具的含义如下。

：编辑平面工具，选择、编辑、移动平面并调整平面大小。

：创建平面工具，定义平面的 4 个角节点、调整平面的大小和形状并拉出新的平面。

：选框工具，建立方形或矩形选区，同时移动或仿制选区。

：图章工具，使用图像的一个样本绘画。与仿制图章工具不同，消失点中的图章工具不能仿制其他图像中的元素。

：画笔工具，用平面中选定的颜色绘画。

：变换工具，通过移动外框手柄来缩放、旋转和移动浮动选区。它的行为类似于在矩形选区上使用"自由变换"命令。

：吸管工具，在预览图像中单击时，选择一种用于绘画的颜色。

：测量工具，在平面中测量项目的距离和角度。

：缩放工具，在预览窗口中放大或缩小图像的视图。

：抓手工具，在预览窗口中移动图像。

图 10-18 "消失点"对话框

三、任务实施

（1）在 Photoshop CS4 中打开图片"素材 1.jpg"，打开瘦西湖五亭桥图片。

（2）执行"图像"→"图像大小"命令，将图像大小调整为 1 024 像素×600 像素，对话框参数如图 10-19 所示。

（3）执行"滤镜"→"风格化"→"查找边缘"命令，对图像进行处理，抽取其边缘线条，执行滤镜后，图像如图 10-20 所示。

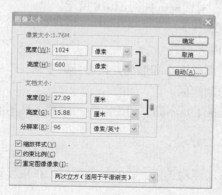

图 10-19 改变图像大小

图 10-20 执行"查找边缘"滤镜后的图像

（4）执行"图像"→"模式"→"灰度"命令，将图像转换为灰度图像，转换后图像如图 10-21 所示。

（5）执行"图像"→"调整"→"曲线"命令，将曲线向下稍微拉动，使图像亮度提高，"曲线"对话框如图 10-22 所示，调整后图像如图 10-23 所示。

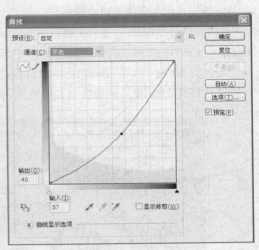

图 10-21　将图像转换为灰度图像　　　　　　　　　图 10-22　"曲线"对话框

图 10-23　调整曲线后的图像

（6）在工具箱中选择文字工具，设置字体为"隶书"，字号为 40，在图像中输入文字"诗画瘦西湖　人文古扬州"，输入后如图 10-24 所示。

图 10-24　输入文字后的图像

（7）执行"图层"→"拼合图层"命令，将图像、文字合为一个图层。

（8）执行"文件"→"存储为"命令，将图像保存为"纹理.psd"文件。

（9）打开"素材2.jpg"文件，将木纹图片打开，执行"图像"→"图像大小"命令，将图像大小调整为1 024像素×600像素。

（10）执行"滤镜"→"纹理"→"纹理化"命令，打开图10-25所示对话框，单击右边"纹理（T）"后的 ≡ 按钮，在弹出的对话框中选择刚刚保存的"纹理.psd"文件作为导入的纹理，"缩放"设置为100%，"凸现"设置为23，在左侧可以看到纹理化后的图像预览，单击"确定"按钮完成"纹理化"滤镜。至此整个实例完成，得到图10-1所示的最终效果。

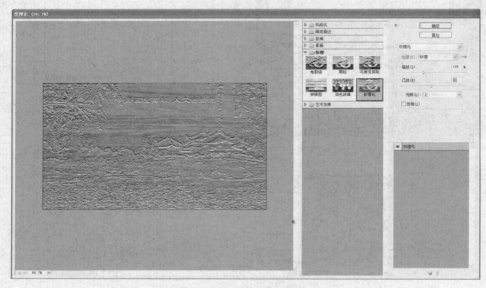

图10-25 "纹理化"滤镜

实训项目

实训项目 火焰字"愤怒的小鸟"

1. 实训的目的与要求

学会使用各种滤镜，熟练地使用滤镜进行特效的制作。

2. 实训内容

制作出图10-26所示的火焰字效果。

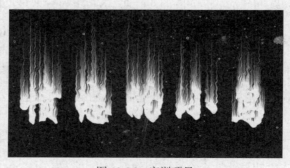

图10-26 实训项目

项目总结

在 Photoshop 中对图像进行处理时，滤镜是最奇妙的部分，经常需要对图像进行各种滤镜处理，此时就需要我们熟练地掌握滤镜的使用方法。适宜地利用好滤镜，不仅可以改善图像的效果，掩盖图像缺陷，还可以在原有图像的基础之上产生出许多炫目的效果。通过本项目的实践，读者可以掌握滤镜的一系列知识，赋予图像更为精彩的效果。

习题

一、选择题

1. 在对图像应用滤镜效果时，下列（　　　）模式的图像不能应用滤镜。

　　A. 位图　　　　　　　B. RGB　　　　　　　C. CMYK　　　　　　D. Lab

2. 下述（　　　）滤镜不能应用于 CMYK 颜色模式的图像。

　　A. 浮雕效果　　　　　B. 艺术效果　　　　　C. 光照效果　　　　　D. 高斯模糊

3. 在应用滤镜时，下列（　　　）说法是不正确的。

　　A. 可以对单独的某一层图像应用滤镜，然后通过颜色混合合成图像

　　B. 对选区内的图像应用滤镜时，可以先将选区进行羽化，以便使选区内的图像与图像其他部分生成比较好的融合效果

　　C. 不能对单一的颜色通道或者是 Alpha 通道执行滤镜

　　D. 如果对滤镜的效果不太熟悉，可以先将滤镜的参数设置得小一点，然后再反复按【Ctrl+F】快捷键来重复应用滤镜效果

4. 如果用户对滤镜的效果不是十分熟悉，可以先将滤镜的参数设置的小一点，然后再使用（　　　）快捷键，进行多次的滤镜效果应用。

　　A. Ctrl+Z　　　　　　B. Ctrl+Shift+F　　　　C. Ctrl+F　　　　　　D. Alt+F

5. 下列不属于"图案生成器"对话框中的工具是（　　　）。

　　A. 矩形选框工具　　　　　　　　　　　　B. 橡皮擦工具

　　C. 缩放工具　　　　　　　　　　　　　　D. 抓手工具

二、填空题

1. 对图像应用滤镜后，如果要对滤镜效果作一些调整，可以选择_____命令来调整滤镜效果的强度及_____与_____。

2. 使用外挂滤镜时，应首先将其安装或复制到_____路径下。

3. "液化"命令的作用是逼真地模拟_____的效果。

4. 在使用滤镜前，应先确定_____，然后再执行滤镜命令，否则，滤镜命令就会对整个图像起作用。

5. "滤镜库"对话框中包括了扭曲、画笔描边、素描、_____、_____和_____ 6 个滤镜组。

三、问答题

1. 简述滤镜的使用方法。

2. 在 Photoshop CS4 中使用滤镜时应掌握哪些使用技巧？

项目十一

动作及任务自动化

【项目目标】

通过本项目的学习，读者能够了解 Photoshop CS4 中动作的含义，熟悉"动作"面板，掌握录制动作、播放动作的方法；能够熟悉 Photoshop CS4 中的自动化功能，包括"批处理"和"创建快捷批处理"的使用。

【项目重点】

1. 动作的录制
2. 动作的播放
3. 动作的编辑
4. 批处理

【项目任务】

熟练掌握 Photoshop CS4 中动作的录制和播放，会使用批处理功能成批处理图片。

任务 网店商品图片处理

一、任务分析

如图 11-1 所示，网店中在商品展示时，需要展示商品从整体到局部细节的方方面面。首先需要拍摄大量的商品图片，然后对拍摄图片进行相应的处理，以满足网页展示的需要。根据网页展示的特性以及网店自身的特点，对图片的要求有以下几点。

（1）图片的尺寸要求：现在的数码相机拍摄的图像分辨率一般来说都比较高，都在 300 万像素以上。网页中的商品图像是在页面上显示，图片的尺寸要求不要太大；而且网店图像都是存储在付费的网络存储空间，大分辨率的图像会需要更大的付费存储空间，所以从实际效果和节约成本的角度，网店商品图像的尺寸以 640 像素 × 480 像素为宜，这就需要对图片的尺寸进行调整。

（2）图像亮度、对比度的要求：拍摄的图像照片，往往由于现场的光线、角度等问题，需要对亮度、对比度进行调整。

（3）图像色彩的要求：为了给顾客提供准确的商品信息，需要展示的商品照片不能偏色，但是拍摄时的光线不同，会造成图像的色彩偏色，这也需要在后期进行调整。

（4）版权保护的要求：为了保护网店中的商品图片不被盗用，需要在图片的关键位置加上网店标识的水印，这样可以有效地保护商品图片的版权。

图 11-1　网店商品图片处理

由于网店的商品众多，每一个商品都需要展示若干图片，每一张照片都需要进行以上的处理，因此整个照片的处理过程中，工作量巨大，如果一张一张地处理，会消耗大量的时间和人力。如果有效地利用 Photoshop CS4 提供的自动化功能，利用动作、批处理、快捷批处理等功能，能够方便快捷地对图片进行处理。

二、相关知识

在进行图像处理的时候，经常需要对一批图像进行相同的处理，如果每次重复相同的处理动作，显得非常烦琐。Photoshop CS4 中提供了解决这个问题的办法，运用"动作"功能能够批量地处理图像。可以将 Photoshop CS4 中编辑图像的众多步骤录制为一个动作，执行这个动作，就等于执行了一系列的编辑图像步骤。这种动作，类似于"批处理"命令，可以对图像文件一次执行一系列的操作，大多数的命令、工具操作都可以记录在动作之中。动作命令中，可以包含停止指令；也可以包含一些模糊控制，用户在播放动作的时候可以在相应的对话框中输入数值。

（一）"动作"面板

利用"动作"面板可以记录、播放和删除动作，还可以存储和载入动作。选择"窗口"→"动作"命令，可以打开"动作"面板，同样按【Alt+F9】组合键也可以打开动作面板。

1．"动作"面板的结构

"动作"面板的结构如图 11-2 所示。

动作组：动作组是一系列动作的集合。

动作：动作是一系列命令的集合。

切换项目开关：如果动作组、动作和命令前有该标志，表示这个动作组、动作和命令能够被执行；如果没有该标志，表示该动作组、动作和命令不能被执行。

切换对话开关：如果动作组和动作前有该标志并显示为红色，表示该动作组、动作中有部分命令设置了暂停；如果命令前有该标志，表示执行到该命令会暂停，由用户在相应对话框中进行参数设置后继续执行下面的动作。

停止动作：用来停止播放或者停止录制动作。

录制动作：单击此按钮，开始对操作动作进行录制。

播放动作：单击此按钮，按录制好的动作对图像进行相关操作。

创建新动作组：单击此按钮，创建一个新的动作组。

创建新动作：单击此按钮，创建一个新的动作。

删除：单击此按钮，将当前选中的动作组、动作或命令删除。

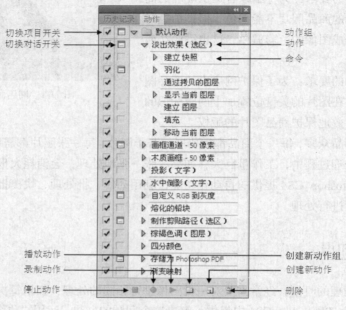

图 11-2 "动作"面板

2．展开和收起动作

在"动作"面板中，单击组、动作和命令左侧的 ▷ 按钮，可以将当前关闭的组、动作和命令展开；如果在按住【Alt】键的同时单击 ▷ 按钮，可以展开一个组中的全部动作，或者展开一个动作中的全部命令。

单击 ▷ 按钮，组、动作和命令展开后，▷ 按钮变为 ▽ 按钮，单击此按钮，可以将展开的组、动作和命令收起；如果在按住【Alt】键的同时单击 ▽ 按钮，可以将一个组或者一个动作中的全部命令收起。

3．以按钮模式显示动作

默认情况下，"动作"面板以列表的形式显示动作，如图 11-2 所示。用户可以在需要的时候将列表形式显示的"动作"面板切换为按钮形式显示的"动作"面板，方法为，在"动作"面板中单击右上角的 ▾≡ 按钮，在弹出的菜单中选择"按钮模式"命令，即可将"动作"面板切换为按钮模式，如图 11-3 所示。

4．录制动作

打开一个需处理的图像，录制动作之前，首先新建一个动作组，在"动作"面板中单击"创建新动作组"按钮，出现图 11-4 所示对话框，在"名称"文本框中输入动作组的名称，本例中输入"照片处理动作组"作为动作组的名称，单击"确定"按钮完成动作组的创建。接着在动作组中新建一个动作用

图 11-3 按钮模式的"动作"面板

于动作的录制，在"动作"面板中单击"创建新动作"按钮，出现图 11-5 所示对话框，在"名称"文本框中输出动作的名称，本例中输入"调整亮度对比度"，其他选项使用默认设置则可，输入完成后，单击"记录"按钮，开始动作的录制，此时"动作"面板中的"录制动作"按钮从灰色变为红色。此时，可以对图像进行相应的处理，本例中依次进行 3 个命令的操作，分别为"亮度/对比度"命令、"曲线"命令和"色阶"命令，完成后在"动作"面板中单击"停止动作"按钮，完成动作的录制，执行完后"动作"面板如图 11-6 所示，图像处理前后如果 11-7 所示。

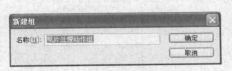

图 11-4　新建动作组　　　　　　　　　　　　　　图 11-5　新建动作

（a）处理前　　　　　　　　　　（b）处理后

图 11-6　录制完动作后"动作"面板　　　　　图 11-7　动作执行前后图像对比

在 Photoshop CS4 中，可以录制为动作的操作有：各种工具的操作，在"色板"、"颜色"、"图层"、"样式"、"路径"、"通道"和"历史记录"等面板中进行的操作。如遇到不能被记录的操作，可以插入菜单项目或插入停止命令，具体在下面的内容中详细讲解。

5．播放动作

播放动作就是执行"动作"面板中指定的动作中的一系列命令。具体操作为，打开要操作的图像，打开"动作"面板，选定将要执行的动作，单击"动作"面板中的"播放动作"按钮，Photoshop CS4 将按顺序播放该动作中的所有命令。用前面录制的动作对另一幅图像执行"播放动作"后图像的前后对比如图 11-8 所示。

（1）如果想从指定的命令开始播放，可以展开动作，在动作中选择开始执行的命令，然后单击"播放动作"按钮，则从该命令开始执行，之前的命令不会执行。

（2）如果需要播放单个命令，按【Ctrl】键的同时单击"动作"面板中需要执行的命令则可。

（3）如果需要只播放部分命令，展开动作中的所有命令，将不需要播放的命令前面的"切换项目开关"中的勾去掉，这些命令便不能够被执行；如果去掉动作前面的勾，则该动作不能够被执行；如果去掉动作组前面的勾，则该动作组不能够被执行。

（a）播放动作前

（b）播放动作后

图 11-8　播放动作前后图像对比

6. 在动作中插入菜单项目

在动作中可以插入菜单项目，将复杂的菜单项目作为动作的一部分包括在内。播放动作打该菜单项目时，会出现相应对话框供设置，设置完继续播放动作。

具体例子如下。打开一个图像，打开"动作"面板，在"动作"面板中的动作命令中选择将要插入菜单项目的位置，如图 11-9 所示，在"动作"面板中单击右上角的 ▾≣ 按钮，在弹出的菜单中选择"插入菜单项目"命令，出现图 11-10（a）所示对话框，此时执行菜单选项，本例执行"滤镜"→"杂色"→"添加杂色"命令，此时"插入菜单项目"对话框如图 11-10（b）所示，插入后"动作"面板增加相应命令，如图 11-11 所示。

图 11-9　选中插入菜单项目的位置

（a）

（b）

图 11-10　"插入菜单项目"对话框

7. 在动作中插入停止

在动作中可以插入停止，这样可以让动作播放到某一步时自动停止，可以手动去执行一些无法录制为动作的任务。

具体操作如下。打开一个图像，打开"动作"面板，在"动作"面板中的动作命令中选择将要插入停止的位置，在"动作"面板中单击右上角的 ▾≣ 按钮，在弹出的菜单中选择"插入停止"命令，出现图 11-12（a）所示对话框，在对话框中输入图 11-12（b）所示提示信息，同时勾选"允许继续"选项，单击"确定"按钮，完成在动作中插入停止，插入停止后"动作"面板如图 11-13 所示。

图 11-11　插入菜单项目后的"动作"面板

本例中，插入停止的动作在播放时，当播放完"曲线"命令后，动作就会停止，并弹出对话框显示相应提示信息，如图 11-14 所示。单击对话框中"停止"按钮可停止播放，此时可以使用裁切工具对图像进行裁剪，完成后可单击"播放动作"按钮继续播放后面的命令；如果单击对话框中的"继续"按钮，则不会停止，而是继续播放后面的动作。

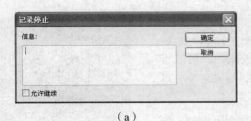
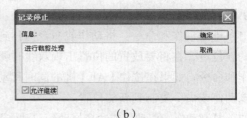

（a）　　　　　　　　　　　　　　　　（b）

图 11-12 "记录停止"对话框

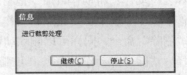

图 11-13 插入停止后"动作"面板　　　　图 11-14 执行到"停止"弹出对话框

8．在动作中插入路径

在动作中可以插入路径，将路径作为动作的一部分包括在动作中。

具体例子如下。新建 500 像素 × 500 像素图像，选择自定义形状工具 ，在工具属性栏中单击"路径"按钮 ，在形状中选择心形，如图 11-15 所示，在图像中绘制该心形路径，如图 11-16 所示，保持该路径为选中状态。在图 11-17 所示的"动作"面板中选中插入路径的位置，在"动作"面板中单击右上角的 按钮，在弹出的菜单中选择"插入路径"命令，完成后如图 11-18 所示。本例中，"动作"面板中其他命令为：填充 50%灰度，选择"流星"画笔并设置画笔"主直径"为 11，最后分别填充路径和描边路径。动作播放完图像如图 11-19 所示。

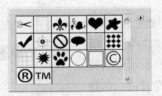

图 11-15 选择心形形状　　　　　　　图 11-16 绘制心形路径

图 11-17 插入路径前"动作"面板　　　　图 11-18 插入路径后"动作"面板

9．动作的编辑

（1）重排动作和命令：将动作或命令拖移到本动作或另一动作中的新位置，在将要放置的位置出现双线时释放鼠标，可以重排动作和命令。如果在按住【Alt】键的同时移动动作或命令，可以将该动作或命令复制到新的位置。

（2）复制动作：将动作或命令拖动到"动作"面板下方的"创建新动作"按钮上，可以复制出一个新的动作。选中将要复制的动作，在"动作"面板中单击右上角的 按钮，在弹出的菜单中选择"复制"命令，同样可以复制动作。

图 11-19　动作播放完后的图像

（3）删除和复位动作：将动作或命令拖动到"动作"面板下方的"删除"按钮上，可以删除当前选中的动作或命令。选中将要删除的动作，在"动作"面板中单击右上角的 按钮，在弹出的菜单中选择"删除"命令，同样可以删除动作。在"动作"面板中单击右上角的 按钮，在弹出的菜单中选择"清除全部动作"命令，可删除所有动作。如果需要复位动作，将"动作"面板恢复为默认状态，可在面板菜单中选择"复位动作"。

（4）修改动作组和动作名称：选中动作组或动作，在"动作"面板中单击右上角的 按钮，在弹出的菜单中选择"组选项"或"动作选项"，可以打开对话框，如图 11-20 所示，在其中可以对动作组或动作的名称进行设置。选中动作组或动作，在其名称上双击，也可修改其名称。

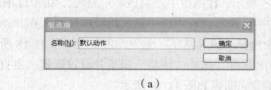

（a）

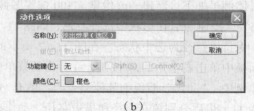

（b）

图 11-20　组选项和动作选项

（5）设置动作回放选项：选中动作组或动作，在"动作"面板中单击右上角的 按钮，在弹出的菜单中选择"回放选项"，弹出图 11-21 所示"回放选项"对话框。其中，"加速"表示按正常的速度播放动作；"逐步"表示显示每一个命令的处理结果，然后才转入下一条命令，播放命令较慢；选择"暂停"并填入时间，可以指定播放动作时每个动作的间隔时间。

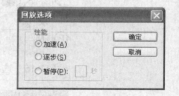

图 11-21　回放选项

10．存储和载入动作

选中需要保存的动作或动作组，在"动作"面板中单击右上角的 按钮，在弹出的菜单中选择"存储动作"，在弹出的对话框中输入名称，选择保存位置，单击"保存"按钮，可将动作或动作组保存为*.ATN 文件。

在"动作"面板中单击右上角的 按钮，在弹出的菜单中选择"载入动作"，在弹出的对话框中选择需要载入的*.ATN 动作文件，可以载入动作或动作组。

（二）批处理和快捷批处理

1．批处理

批处理是 Photoshop CS4 中一个非常实用的功能，通过批处理功能可以完成对大量图片相同的、重复的操作，实现图像处理的自动化，在工作中能够为我们节约大量的时间，提高我们的工作效率。

在进行批处理前，应该将需要处理的文件保存在一个文件夹中，然后打开其中一个图像，对其进行操作，将所有的操作过程录制为动作。进行批处理时，执行"文件"→"自动"→"批处理"命令，打开图 11-22 所示"批处理"对话框。

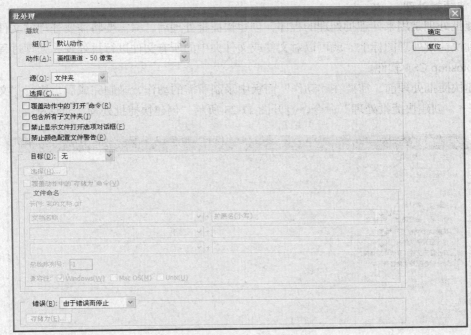

图 11-22　"批处理"对话框

对话框中各选项含义如下。

组和动作：选择将要执行的动作，先选择所在的动作组，再在动作组中选择将要执行的动作。

源：在"源"下拉列表中有"文件夹"、"导入"、"打开的文件"和"Bridge"选项。选择"文件夹"，单击下面的"选择"按钮，可以在打开的对话框中选择将要处理的文件夹，对该文件夹中的所有文件进行批处理；选择"导入"，可以处理来自数码相机、扫描仪以及 PDF 文档的图像；选择"打开的文件"，可以处理当前打开的所有文件；选择"Bridge"，可以处理 Adobe Bridge 中选定的文件。

覆盖动作中的"打开"命令：勾选此选项，表示忽略动作中记录的"打开"命令。

包含所有子文件夹：勾选此选项，批处理的对象包括文件夹下面的所有子文件夹。

禁止显示文件打开选项对话框：勾选此选项，表示批处理时不会打开文件选项对话框。

禁止颜色配置文件警告：勾选此选项，表示不会显示颜色配置警告。

目标：在"目标"下拉列表中有"无"、"存储并关闭"和"文件夹"3 个选项。选择"无"，表示不保存文件，处理完文件为打开状态；选择"存储并关闭"，表示将文件保存在原文件夹中，并且覆盖原始文件；选择"文件夹"，单击下面的"选择"按钮，可以指定用来保存文件的文件夹。

覆盖动作中的"存储为"命令：勾选此选项，表示在批处理时，动作中的"存储为"命令将引用批处理的文件，而不是动作中指定的文件名和位置。

文件命名：当将"目标"设置为"文件夹"后，可以在下面的选项中设置命名规则以及文件命名的 Windows、MacOS、Unix 兼容性。

错误：出现错误后的处理方式，包括"由于错误而停止"和"将错误记录到文件"。

2．快捷批处理

快捷批处理是用来处理批处理的程序，创建快捷批处理后，只需要将需要处理的文件或文件夹拖动到快捷批处理图标上，就可以对文件或文件夹中的所有文件进行批处理，处理过程中无需打开 Photoshop CS4 软件。

创建快捷批处理前，需要在"动作"面板中录制所需的动作，录制完成后，执行"文件"→"自动"→"创建快捷批处理"命令，打开图 11-23 所示"创建快捷批处理"对话框。

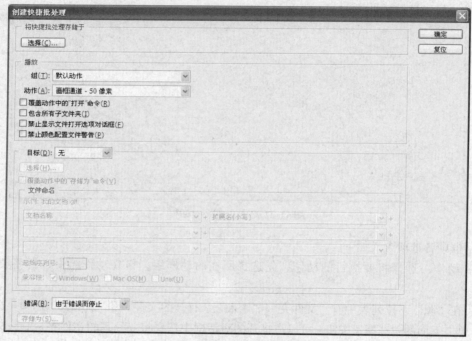

图 11-23 "创建快捷批处理"对话框

单击"将快捷批处理存储于"栏中的"选择"按钮，可以指定"快捷批处理"的存放位置。其他选项含义同"批处理"对话框中的选项。

三、任务实施

学习了动作及自动化的相关知识，下面我们开始实施"网店图片处理"任务。

1．制作网店水印

（1）打开 Photoshop CS4，新建 400 像素 × 150 像素图像。

（2）在工具箱中选择文字工具，在文字工具的属性栏中做图 11-24 所示设置，设置字体为

"方正剪纸简体"，文字大小为 48 点，文字颜色为灰色。用文字工具在图像中输入"丽音耳机数码"文字，如图 11-25 所示。

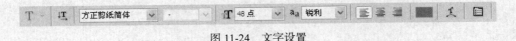

图 11-24 文字设置

丽音耳机数码

图 11-25 输入文字

（3）打开素材文件"耳机.jpg"，选择工具箱中的魔棒工具，"容差"设置为 10，用魔棒工具单击耳机图片中白色的部分，得到一个选区，如图 11-26 所示。选择"选择"→"反向"命令，得到图 11-27 所示耳机选区，按【Ctrl+C】组合键复制该耳机图像。回到刚才新建的文字图像，按【Ctrl+V】组合键，将耳机图像复制到文字图像上，按【Ctrl+T】组合键，调整耳机图像大小及旋转耳机图像中，同时将耳机图层置于文字图层之下，用魔棒工具和橡皮擦工具对耳机图像中多余边角部分进行选择和删除，完成对耳机图像的修饰。将耳机图层"不透明度"调整为 64%，"图层"面板如图 11-28 所示，图片效果如图 11-29 所示。

图 11-26 选择白色部分

图 11-27 耳机选区

图 11-28 "图层"面板

图 11-29 图片效果

（4）在工具箱中选择文字工具，在文字工具的属性栏中做图 11-30 所示设置，设置字体为"方正静蕾简体"，文字大小为 24 点，文字颜色为黑色。用文字工具在图像中输入"我们一直在努力!"文字，如图 11-31 所示。

图 11-30 文字设置

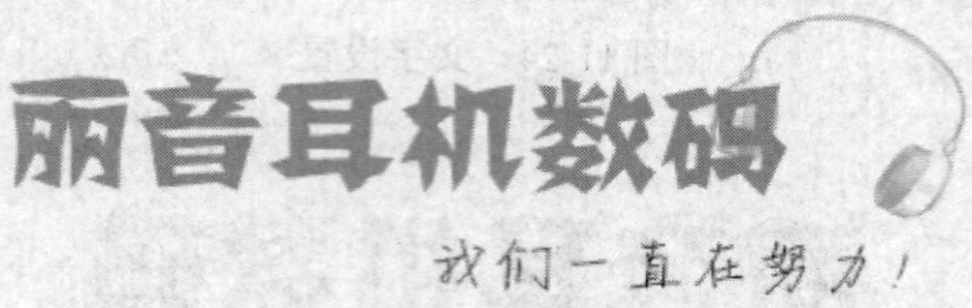

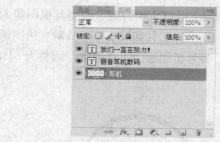

图 11-31 输入文字

（5）在"图层"面板中，双击"背景"图层，在出现的对话框中单击"确定"按钮，"背景"图层的名称变为"图层 0"，同时该图层解除锁定，将背景图层删除，如图 11-32 所示。

（6）选择"图层"→"拼合可见图层"命令，将图层合并为一个图层，如图 11-33 所示。

图 11-32 删除"背景"图层 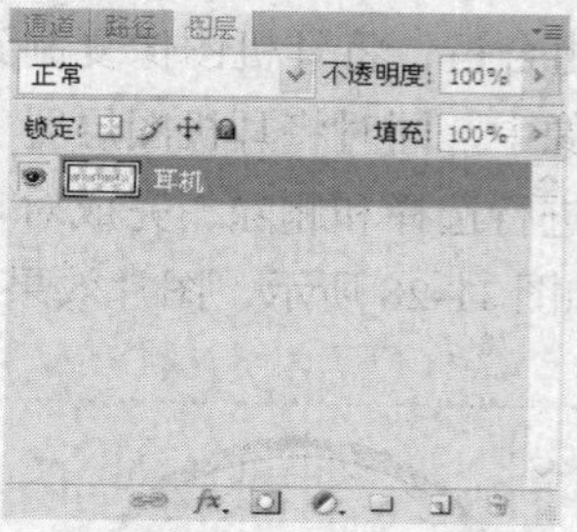   图 11-33 合并图层

（7）选择"文件"→"存储"命令，将文件保存为"水印.psd"。水印制作完成。

2．录制图片处理动作

在 Photoshop CS4 中打开"网店商品图片处理素材 01.JPG"（如图 11-34 所示）和"水印.psd"，选择"网店商品图片处理素材 01.JPG"作为当前处理图片，在"动作"面板中单击"新建动作组"按钮新建一个动作组，名称为"图片处理"；单击"新建动作"按钮新建一个动作，在弹出的"新建动作"对话框中输入名称为"网店图片处理"，单击"记录"按钮，开始动作的记录，"动作"面板如图 11-35 所示。

图 11-34 网店商品图片处理素材 01

图 11-35 "动作"面板

需要记录的动作命令按顺序如下。

（1）执行"图像"→"自动色调"命令。

（2）执行"图像"→"自动对比度"命令。

（3）执行"图像"→"自动颜色"命令。

以上步骤主要完成对图片颜色的调整，纠正偏色、调整对比度等。完成对图像的色调、对比度和颜色调整后，图片如图11-36所示，"动作"面板如图11-37所示。

图11-36　调整后的图片效果

图11-37　"动作"面板

（4）执行"图像"→"图像大小"命令，将图像的分辨率设置为640像素×480像素。本步骤主要是将图像的分辨率调整为网店网页所要求的分辨率。

（5）选择"水印.psd"为当前图像，按【Ctrl+A】组合键全选图像，按【Ctrl+C】组合键复制图像。

（6）选择"网店商品图片处理素材01.JPG"作为当前图像，按【Ctrl+V】组合键复制图像至新的图层，调整水印的位置，效果如图11-38所示。

（7）在"图层"面板中，选择刚刚复制过来的图层，执行"图层"→"图层样式"→"投影"命令，创设投影的效果；在"图层"面板中将该图层的"不透明度"修改为73%，效果如图11-39所示。

图11-38　粘贴水印后的图像效果

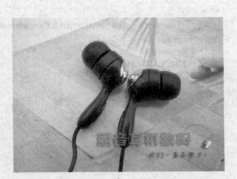

图11-39　添加投影效果

（8）执行"文件"→"存储为"命令，将文档保存到指定的文件夹，文件类型为.JPEG，"JPEG选项"对话框中"品质"设置为12，其余选项保持默认，单击"确定"按钮保存。

图片处理已经完成，单击"动作"面板上的"停止动作"按钮，动作的录制结束。录制完的"动作"面板如图11-40所示。

3．批处理所有网店商品图片

在Photoshop CS4中打开"水印.psd"，执行"文件"→"自动"→"批处理"命令，在弹出的"批处理"对话框中设置需要执行的动作以及需要处理的文件夹，如图 11-41 所示，单击"确定"按钮，Photoshop CS4 将依次对指定文件夹中的文件进行处理，并将处理好的图片按动作中的存储要求存储在指定目录。处理好的图片如图 11-42 所示。

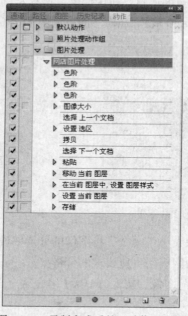

图 11-40　录制完成后的"动作"面板

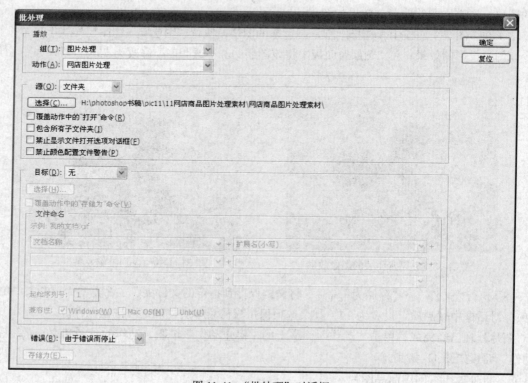

图 11-41　"批处理"对话框

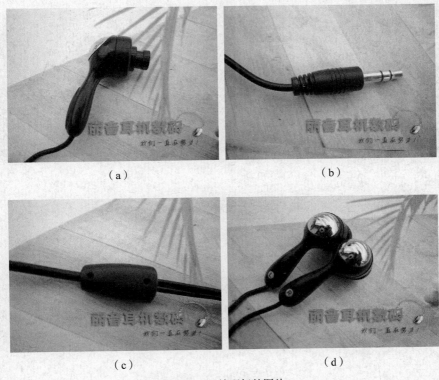

图 11-42　处理好的图片

实训项目

实训项目　批量相框制作

1．实训的目的与要求

熟练掌握动作的录制和播放，掌握"批处理"的使用。

2．实训内容

为所给的 3 张素材创建相框效果，要求使用批处理来完成，完成后效果如图 11-43 所示。

（a）

图 11-43　相框制作效果

（b）   （c）

图 11-43　相框制作效果（续）

项目总结

在 Photoshop 中对图像进行处理时，经常需要对众多图像进行同样的处理，此时就需要用到动作以及 Photoshop 的自动化功能。使用动作以及 Photoshop 的自动化功能，能够大大减少重复劳动，提高我们的工作效率。通过本项目的实践，读者可以掌握动作以及 Photoshop 自动化功能的一系列知识。

习题

一、选择题

1. 显示"动作"面板的快捷键是（　　　）。
　　A. Shift+C　　　　　　　B. Alt+F9　　　　　　C. Alt+F8　　　　　　D. Alt+F3
2. "批处理"命令是在（　　　）中。
　　A. "文件"菜单　　　B. "编辑"菜单　　　C. "图像"菜单　　　D. "分析"菜单
3. 怎样播放单个命令？（　　　）
　　A. 按【Ctrl】键的同时双击"动作"面板中的一个命令
　　B. 按【Shift】键的同时双击"动作"面板中的一个命令
　　C. 按【Alt】键的同时双击"动作"面板中的一个命令
　　D. 按【Ctrl】键的同时单击"动作"面板中的一个命令

二、填空题

1. "动作"面板的显示模式有_____和_____。
2. 动作的回放选项中，性能选项有_____、_____和_____ 3 种。

三、问答题

1. 动作有哪些主要的功能？
2. 怎样创建一个快捷批处理？如何使用快捷批处理？